Dr. med. vet. Renate Jones

Unsauberkeit bei Katzen

Dr. med. vet. Renate Jones

Unsauberkeit bei Katzen

Ursachen für Unsauberkeit und Markieren verstehen, vorbeugen und helfen

KOSMOS

Inhalt

Einleitung

Im Zusammenleben von Mensch und Katze können auch Verhaltensweisen stören, die eigentlich ganz normal und artgemäß sind. Für manche Katzenhalter ist z. B. das Jagdverhalten von Katzen problematisch oder auch Krallenschärfen. Ganz besonders belastet wird das Zusammenleben aber, wenn Katzen ihre Ausscheidungen an aus menschlicher Sicht ungeeigneten Orten hinterlassen.

Tatsächlich setzen fast alle Katzen mindestens einmal in ihrem Leben Kot oder Urin an einer anderen Stelle als in der Katzentoilette ab. Die zugrunde liegenden Ursachen können außerordentlich vielfältig sein.

Einerseits werden über Kot und Urin Stoffe ausgeschieden, die der Körper nicht mehr braucht. Andererseits können Katzen bei Bedarf Kot und Urin zur Markierung einsetzen und so mithilfe dieser Abfallprodukte Informationen an Artgenossen weitergeben.

Kot und Urin an der falschen Stelle kann also bedeuten, dass die Katze die Katzentoilette aus ganz bestimmten Gründen nicht benutzt oder dass es sich um Markierverhalten handelt. Natürlich kann auch beides zusammen vorkommen. Da sich die Ursachen für Markierverhalten und unerwünschtes Ausscheidungsverhalten unterscheiden, sind auch die Behandlungsmethoden in manchen Punkten verschieden. Daher ist es wichtig herauszufinden, wo genau das Problem liegt.

Manchmal handelt es sich nur um ein einmaliges Ereignis und kommt nie wieder vor. Es kann aber auch der Beginn einer langen Leidensgeschichte für den Halter und für die Katze werden. In vielen Fällen vergehen nicht nur Wochen, sondern Monate oder sogar Jahre, bevor ein Katzenbesitzer den Mut hat, sich professionelle Hilfe zu suchen. Bis dahin kann die Wohnung völlig zerstört sein und der Halter schämt sich, überhaupt jemand hereinzulassen. Hilfe wird oft erst dann gesucht, wenn es einen besonderen Anlass dafür gibt, z. B. eine neue Wohnsituation oder eine neue Beziehung.

Dieses Buch soll betroffenen Katzenhaltern dabei helfen, das Problem möglichst frühzeitig richtig einzuordnen, um dann die Maßnahmen zu finden, die am besten geeignet sind. Je schneller die passenden Schritte unternommen werden, desto leichter kann eine weitere Verschlechterung verhindert bzw. das unerwünschte Verhalten wieder geändert werden.

1 › Ausscheidungsverhalten

Ausscheidungsverhalten entwickelt sich schon sehr früh. Sobald die Kätzchen anfangen, das Nest zu verlassen, wählen sie in ihrer Umgebung den Untergrund, der ihnen zum Urin- und Kotabsatz am angenehmsten und am besten geeignet erscheint. Das sind im Allgemeinen Materialien (Substrate), die weich sind, gut aufsaugen und ein Zuscharren ermöglichen, etwas Sandartiges, z. B. Es kommt in diesem Alter zu einer Art Prägung auf den Untergrund, sodass die Tiere im späteren Leben eventuell ein so »erlerntes« Material für ihre Ausscheidungen bevorzugen.

Normales Ausscheidungsverhalten läuft nach einem ganz bestimmten Muster ab: Die Katze wählt dazu einen passenden Platz mit einem tauglichen Untergrund. Sie inspiziert genau die potenziell geeignete Stelle und überprüft ihren Geruch (Platzkontrolle). Dann gräbt sie eine kleine Grube. Anschließend platziert sich die Katze in einer typischen Hockstellung, die sich bei Kater und Katze nicht unterscheidet, über dieser Grube. Dabei krümmt sie den Rücken, streckt den Schwanz waagrecht nach hinten aus, hebt ihn leicht an und setzt dann Urin bzw. Kot in die Grube ab. Danach überprüft sie noch einmal den Geruch der Grube und scharrt sie anschließend mit Kratzbewegungen zu. Nach einer abschließenden Geruchskontrolle verlässt die Katze die Stelle.

Katzen ziehen es vor, Kot und Urin zeitlich und räumlich getrennt voneinander abzusetzen, d. h., der Kot- und Urinabsatz erfolgt nicht gleichzeitig und wenn möglich auch nicht am selben Ort. Im sogenannten Kernterritorium, also im engeren Lebensbereich, werden Ausscheidungen, vor allem Kot, meist vergraben. Dieses Verhalten hat sich wahrscheinlich wegen des Geruchs und aus hygienischen Gründen entwickelt. Es erschwert die Übertragung von Parasiten und Krankheitskeimen. Dieses Zuscharren lernen die Katzenwelpen übrigens nicht von ihrer Mutter. Es ist angeboren, wird aber nicht von allen Tieren gezeigt.

Unerwünschtes Ausscheidungsverhalten oder Markierverhalten?

Ausscheidungsverhalten und Markieren kann man vor allem daran unterscheiden, in welcher Körperhaltung und an welchem Ort die Ausscheidung erfolgt. Bei unerwünschtem Ausscheidungsverhalten wählt die Katze vorzugsweise häufig oder sogar ausschließlich gerade nicht die Katzentoilette, sondern andere, meist horizontale Stellen. Dort werden Kot oder Urin oder beides *in der für normales Ausscheidungsverhalten typischen Körperhaltung* abgesetzt. Oft befinden sich diese Stellen in der Nähe der Katzentoilette, manchmal direkt daneben. Aber auch andere ruhige und vielleicht sogar versteckte Orte sind möglich.

Neben dem Ort, den die Katze benutzt, ist auch die Menge des Urins, der ausgeschieden wird, ein Hinweis. Bei Ausscheidungsverhalten, wenn also die Blase entleert werden soll, werden mehrmals täglich größere Mengen Urin in Form von Pfützen abgesetzt.

Für verändertes Ausscheidungsverhalten und gegen Markierverhalten spricht also, wenn die Katze:

1. Kot oder Urin oder Beides *in der für normales Ausscheidungsverhalten typischen Körperhaltung* nicht in der Katzentoilette, sondern an anderen Stellen absetzt.
2. versucht, Kot und Urin zuzuscharren.
3. horizontale Flächen wählt.
4. das Katzenklo komplett meidet.
5. größere Mengen Urin absetzt. Ausnahme hier: Die Katze leidet an einer Blasenentzündung. Durch den häufigen Harndrang werden in diesem Fall immer wieder kleine Mengen Urin abgesetzt.

Ursachen

Die Ursachen dafür, dass die Katzentoilette nicht mehr zuverlässig oder überhaupt nicht mehr benutzt wird, sind vielfältig und vielschichtig.

1. Manche Katzen haben überhaupt nie gelernt, zuverlässig eine Katzentoilette zu benutzen, weil sie unter Umständen aufgewachsen sind, in denen sie keinen Kontakt mit einer Katzentoilette hatten. Sie haben also von Anfang an für den Absatz von Kot und Urin einfach eine Stelle gesucht, die ihnen geeignet erschien, und tun das auch weiterhin.
2. Wenn Katzen als Jungtier nichts anderes zur Verfügung hatten, können sie aufgrund ihrer frühen Erfahrungen später Teppichboden zur Ausscheidung bevorzugen oder glatte Flächen, z. B. Fliesen.
3. Auch Katzen, die aufgrund organischer Hintergründe Harn- und Kotabsatz nicht zufriedenstellend kontrollieren können, lernen oft nicht, das Katzenklo zuverlässig aufzusuchen. Das wäre z. B. der Fall bei angeborenen Missbildungen im Bereich der harnableitenden Wege, also von Blase, Niere und Harnleiter.

Hinweise auf derartige Hintergründe wären dann in der Lebensgeschichte der Katze zu finden. Eine solche Katze hat schon immer, von Anfang an, Probleme mit der Stubenreinheit gehabt.

Aber auch Katzen, die die Katzentoilette immer zuverlässig benutzt haben, können damit plötzlich aufhören und andere Orte benutzen. Dafür kommen eine ganze Reihe einzelner oder eine Kombination von Gründen infrage. Das können organische Erkrankungen sein oder es kann an der Katzentoilette selbst liegen. Auch unangenehme Erfahrungen, die die Katze bei der Benutzung der Toilette irgendwann gemacht hat, können dafür verantwortlich sein. Nicht selten spielt alles zusammen eine Rolle.

Detektivarbeit

Um das Problem in den Griff zu bekommen, ist echte Detektivarbeit gefragt. In einem Haushalt mit mehreren Katzen muss als Erstes geklärt werden, wer der Übeltäter ist oder ob es sogar mehrere sind. Ein eindeutiger Beweis wäre, wenn man das oder die Tiere dabei gesehen hat. Aber wenn man eine Katze nie dabei beobachtet hat, ist das leider kein Beweis für ihre Unschuld.

Um einen Übeltäter zu identifizieren, gibt es verschiedene Möglichkeiten. Ein eindeutiger Nachweis, der allerdings technisch aufwendig ist, wären Videoaufnahmen. Dazu wird eine Videokamera installiert, die durch einen Bewegungsmelder ausgelöst wird und so die verunreinigte Stelle überwacht. Eine weitere Möglichkeit wäre, den Urin anzufärben, indem man der Katze Fluorescin® verabreicht. Allerdings hinterlässt Fluorescin® intensive, schwer zu entfernende gelbe Flecke. Man kann auch die Katzen vorübergehend so halten, dass immer nur eine bestimmte Katze während einiger Tage Zugang zu den betroffen Stellen hat. Dabei kann es jedoch vorkommen, dass die verantwortliche Katze aufgrund der veränderten sozialen Situation ihr Verhalten ändert. Das wäre also eine mögliche Fehlerquelle.

Um herauszufinden, wer für den Absatz von Kot verantwortlich ist, kann man den Stuhl anfärben, indem man dem Futter Lebensmittelfarbstoff oder Rote-Beete-Saft beifügt.

Organische Hintergründe

Versuche, unerwünschtes Verhalten zu ändern, sind zum Scheitern verurteilt, wenn man vorher nicht überprüft, ob organische Erkrankungen daran mitbeteiligt oder die Ursache dafür sind. Daher ist eine tierärztliche Untersuchung der betreffenden Katze(n) unerlässlich. Mit der Behandlung des unerwünschten *Verhaltens* beginnt man sinnvollerweise erst, wenn organische Ursachen ausgeschlossen sind oder angemessen behandelt werden.

Eine Vielzahl von organischen Veränderungen kann das Ausscheidungsverhalten beeinflussen. In erster Linie sind das natürlich Erkrankungen von Niere, Blase und Harnleiter sowie Magen und Darm. Es müssen aber nicht nur Blasenentzündungen und Blasen- oder Nierensteine sowie Magen-Darm-Probleme ausgeschlossen werden. Auch verschiedene Stoffwechselerkrankungen können eine Ursache sein. Bei Diabetes z. B. besteht ein erhöhter Flüssigkeitsbedarf. Die Tiere trinken mehr, produzieren folglich mehr Urin und das Ausscheidungsverhalten verändert sich dementsprechend.

Grundsätzlich können außerdem Schmerzen jeglicher Art Auswirkung auf das Ausscheidungsverhalten haben. Das gilt sowohl für den schmerzhaften Urinabsatz bei einer Blasenentzündung wie auch für Schmerzen, die bei Durchfall, bei zu festem Kot oder bei schmerzhaften Prozessen im Enddarm auftreten können. Außerdem kann die spezielle Rückenhaltung, die während des Ausscheidungsprozesses eingenommen wird, bei Erkrankungen im Bereich der Wirbelsäule Schmerzen auslösen.

Leider ordnen Katzen Schmerzerfahrungen nicht unbedingt ihrem eigenen Körper zu, sondern oft dem Ort, an dem sie die Schmerzen erleben. Daher kann eine Katze, die auf einmal Schmerzen beim Besuch der Katzentoilette hatte, diese in Zukunft meiden und versuchen, einen Ort zu finden, an dem Urinieren oder Kot-Absetzen nicht wehtut.

Auch zunehmendes Alter kann Veränderungen verursachen, die den zuverlässigen Toilettenbesuch beeinträchtigen. So können abnehmende körperliche Fähigkeiten bewirken, dass die Katze die Toilette nicht rechtzeitig erreichen oder nicht mehr hineinklettern kann. Oder sie will nicht mehr hineinklettern, weil sie dabei Schmerzen hat. Nachlassende Sinnesleistungen können dazu führen, dass die Katze das Klo nicht mehr zuverlässig findet oder nicht mehr eindeutig erkennt.

Die Katzentoilette

Verhältnismäßig einfach ist zu beurteilen, inwieweit die angebotenen Katzentoiletten die artspezifischen Ansprüche von Katzen ausreichend berücksichtigen. Dazu überprüft man Form, Größe und Sauberkeit der einzelnen Toiletten sowie den Ort, an dem sich die Toilette befindet, und die Art der Streu.

Katzen setzen Kot und Urin vorzugsweise an getrennten und sauberen Stellen ab. Das kann man eigentlich auch gut verstehen: Immerhin müssen Katzen ja direkt in das Klo hineintreten! Aus diesem Grund suchen sich gerade besonders reinliche Tiere schnell einen anderen Ort, wenn das Klo nicht ihren Ansprüchen genügt. Im Grund sind sie also nicht unsauber, sondern tatsächlich ist das Gegenteil der Fall: Sie brauchen eine saubere Toilette.

Eine Katze sollte daher von vornherein auf jeden Fall mindestens zwei Toiletten *an verschiedenen Stellen* zur Verfügung haben. Zwei Toiletten, die dicht nebeneinanderstehen, zählen für die Katze als eine einzige. Bei mehr als einer Katze muss die Anzahl der Toiletten entsprechend erhöht sein. In einem Haushalt mit vielen Katzen muss man ausprobieren, was machbar ist. Wenn die Toiletten häufig, bei Bedarf sogar mehrmals täglich gereinigt werden, kann man die Anzahl der Toiletten insgesamt geringer halten.

Eine Katzentoilette sollte so groß sein, dass die Katze bequem hinein- und hinauskommt. Sie sollte außerdem ausreichend Platz dafür bieten, dass das zur Ausscheidung gehörende Verhalten auch komplett und unbehindert ausgeführt werden kann. So wird z. B. der Schwanz dabei nach hinten gestreckt – bei Katzentoiletten mit Deckel ist das erfahrungsgemäß kaum möglich. Der Vorteil für Menschen, dass der Geruch im Gehäuse verbleibt, kann im Hinblick auf das Verhalten der Katze eher ein Nachteil sein: Aufgrund des intensiveren Geruchs kann die Toilette der Katze womöglich schneller schmutzig und damit unbenutzbar erscheinen. Es ist außerdem kein artgerechtes, normales Verhalten für eine Katze, Kot und Urin *in einer Höhle* abzusetzen. Als Fluchttiere brauchen Katzen eigentlich immer einen guten Überblick über ihre Umgebung mit der Möglichkeit zur Flucht.

Neben der Art der Toilette und der Sauberkeit ist der Ort, an dem sich die Toilette befindet, wichtig. Eine Katzentoilette sollte an einem ruhigen, geschützten Ort stehen, wo die Katze bei ihrer Verrichtung ungestört ist. Der Zugang zur Toilette sollte außerdem jederzeit leicht möglich sein.

Auch die Katzenstreu ist von Bedeutung. Abhängig von früheren Erfahrungen kann eine bestimmte Katzenstreu bevorzugt, eine andere abgelehnt werden. Nicht alle Katzen akzeptieren hier Veränderungen ohne Weiteres. Besonders Geruchszusätze werden von den meisten Katzen weit weniger geschätzt als von Menschen.

Die folgenden Verhaltensweisen können darauf hinweisen, dass die Toilette selbst das Problem sein könnte:

› Die Katze beschnuppert die Toilette und geht wieder.
› Sie balanciert mit möglichst vielen Füßen auf dem Rand.
› Die Ausscheidung wird neben die Toilette platziert.
› Die Katze scharrt nicht in der Toilette, sondern daneben.

Unangenehme Erfahrungen in Zusammenhang mit der Toilette

Auch unangenehme Erlebnisse *jeder Art* im Zusammenhang mit der Toilette, der Katzenstreu oder mit dem Ausscheidungsvorgang selbst können zur Folge haben, dass das Katzenklo gemieden und andere Stellen aufgesucht werden.

› Wie schon erwähnt, verbinden Katzen Schmerzen nicht zwingend mit ihrer eigenen Befindlichkeit. Daher kann *jedes Schmerz-*

erlebnis beim Aufsuchen der Toilette mit der Toilette selbst, mit dem Ort, an dem sie steht, und/oder auch der Katzenstreu verknüpft werden. Dann wird dieser so unangenehme Ort in Zukunft von der Katze gemieden.

› Dasselbe gilt für *Schreckerlebnisse* beim Besuch der Toilette. Das können plötzliche laute Geräusche durch Haushaltsgeräte sein, z. B. das Schleudern der Waschmaschine oder Baulärm von draußen. Auch das Spülen im falschen Moment kann, wenn eine Katzentoilette direkt neben einem WC steht, eine sensible Katze so erschrecken, dass sie die Toilette weniger oder überhaupt nicht mehr aufsucht.
› Auch *andere Störung*en können sich so auswirken. Das könnte z. B. die Anwesenheit von Kindern sein, die den Toilettenbesuch der Katze lustig finden. Oder, wenn mehrere Katzen oder andere Tiere im Haushalt leben, können Belästigungen oder Bedrohungen durch diese dazu führen, dass eine Katze sich nicht mehr auf die Toilette traut. Eine solche Bedrohung kann z. B. ein Überfall auf der Toilette sein, aber auch ganz unauffällig ablaufen. So kann sich z. B. eine Katze an einen strategisch günstigen Platz setzen und allein durch ihre Anwesenheit an dieser Stelle einer anderen Katze den Zugang zur Toilette verwehren.

Die Befindlichkeit der Katze

Auch Stress in jeder Form hat Einfluss auf die Befindlichkeit der Katze. Vor allem für sensible und/oder ängstliche Katzen kann jede Art von Veränderung in ihrer Umwelt ein Stressfaktor sein und zu unerwünschtem Verhalten führen.

Nicht immer ist der zeitliche Zusammenhang offensichtlich. Das zeigt das folgende Beispiel: Es ist wissenschaftlich nachgewiesen, dass sich bei Katzen eine sogenannte psychogene Blasenentzündung entwickeln kann. Das ist eine Blasenentzündung, die nicht von Bakterien ausgelöst wird, sondern durch Stress. Es kann also Folgendes passieren: Die Katze ist Stressoren ausgesetzt, z. B. weil es in der Familie Streit gibt oder ein Familienmitglied krank ist. Auf diesen Stress reagiert die Katze nach einiger Zeit mit einer psychogenen Blasenentzündung. Das führt irgendwann zu Schmerzerfahrungen beim Urinieren, und die Katze beginnt, die Toilette zu meiden. Die wirkliche Ursache, der ursprüngliche Stressor, ist zu diesem Zeitpunkt vielleicht überhaupt nicht mehr vorhanden.

Weitere Ursachen

Über Lernerfahrungen haben noch weitere Faktoren manchmal die Wirkung, dass die Toilette gemieden oder andere Orte bevorzugt werden. So kann es passieren, dass eine Katze durch einen dummen Zufall einmal keinen Zugang zu ihrer Toilette hat. Sie ist gezwungen, sich eine andere Stelle zu suchen – und macht die Erfahrung, dass das ja auch geht. Wenn dieser Ort der Katze aus irgendwelchen Gründen attraktiver erscheint – vielleicht ist es dort ruhiger oder er ist bequemer zugänglich als die Toilette –, dann kann es sein, dass sie diesen Ort gern wieder benutzt.

Derartige Erfahrungen sind natürlich immer möglich. So könnte eine Katze, die ihre Geschäftchen eigentlich nur im Garten verrichtet, durch besonders schlechtes Wetter einmal davon abgehalten werden, hinauszugehen. Sie sucht sich im Haus eine geeignete Stelle – und macht die Erfahrung: Das geht super! Das Verhalten hat sich gelohnt, und damit besteht die Wahrscheinlichkeit, dass es wieder gezeigt wird.

Es scheint außerdem bei manchen Edelkatzen eine genetische Disposition für die Entwicklung von Unsauberkeit zu existieren, möglicherweise, weil eine Selektion auf Sauberkeit nicht stattfindet.

Umgang mit der Situation

Wichtig ist als Erstes, die verunreinigten Stellen möglichst gründlich zu reinigen, damit sich der unangenehme Geruch des Katzenurins nicht festsetzen und zu einer dauerhaften Geruchsbelästigung entwickeln kann. Außerdem wird so vermieden, dass der Geruch das unerwünschte Verhalten weiter aufrechterhält.

Nicht alle Reinigungsmittel sind dafür gut geeignet. Chlor- und ammoniakhaltige Mittel können das Verhalten anregen und sollten daher nicht eingesetzt werden. Besser sind neutrale Reiniger ohne zusätzliche Duftstoffe. Auch verdünnte Essiglösung kann verwendet werden. Anschließend werden die Stellen mit siebzigprozentigem Alkohol behandelt, um die im Urin vorhandenen Fettanteile zu lösen. Zusätzlich kann man die Stellen mit einem der im Handel erhältlichen enzymatischen Geruchsentferner besprühen. Der Zugang zu den betroffenen Stellen wird der Katze erst dann wieder gestattet, wenn alles gut abgetrocknet ist. Die Reinigungsmaßnahmen werden in Abwesenheit der Katze(n) durchgeführt. Sonst kann sich das Verhalten zu allem Überfluss zu einem sogenannten »aufmerksamkeitserregenden Verhalten« entwickeln. Das bedeutet, die Katze führt es nicht nur aus, um Blase und Darm zu entleeren, sondern auch, weil sie so Aufmerksamkeit und Zuwendung des Halters auslösen kann.

Es erleichtert das Zusammenleben, wenn man der Katze zunächst an den Stellen, die sie sowieso verunreinigt, eine Katzentoilette hinstellt. Auch wenn eine Katzentoilette im Wohnzimmer vielleicht nicht die Traumeinrichtung ist – sie ist meist leichter zu reinigen als der Fußboden und bewahrt diesen vor weiterer Beschädigung.

Wenn Katzen Blumentöpfe der Katzentoilette vorziehen, kann man neben den Töpfen eine Toilette aufstellen und die Blumentopferde mit größeren Steinen abdecken. Dann ist der Blumentopf für die Katze nicht mehr verwendbar.

In manchen Fällen ist es sinnvoll, den Zugang zu den Stellen, die die Katze benutzt hat, ganz zu verhindern. Wenn es sich um bestimmte Räume handelt, z. B. das Schlafzimmer und/oder das Bett, kann man einfach die Tür schließen. In kleinen Wohnungen hat man evtl. nur die Wahl, das Bett so abzudecken, dass Bettdecke und Kissen nicht verunreinigt werden können. Manchmal kann ein entsprechendes Material, z. B. Plastik, bewirken, dass die Katze das Bett ganz meidet.

Es ist nicht hilfreich, die Katze für ihr Verhalten zu bestrafen, auch wenn die Wohnung der Zerstörung nahe ist und man selbst dem Wahnsinn. Das gilt selbst dann, wenn man die Katze in dem Augenblick erwischt, in dem sie ihr Geschäft an einer unpassenden Stelle verrichtet.

Der Hauptgrund dafür ist, dass Strafen erfahrungsgemäß nicht nur nichts nützen, sondern sogar schaden. Sie belasten die Beziehung zwischen Katze und Halter. Sie führen bei der Katze zu Stress und verursachen dadurch oft weitere Verhaltensauffälligkeiten. Das können Angststörungen sein, unerwünschtes Markierverhalten und/oder stressbedingte organische Erkrankungen wie die schon erwähnte psychogene Blasenentzündung oder z. B. Durchfälle.

Außerdem wird das unerwünschte Verhalten durch Strafen nur selten wirklich unterdrückt. Meist sucht die Katze sich einfach andere Stellen und benutzt diese dann gezielt in Abwesenheit des Halters. Das kann dann, z. B. in einem Haus, eine Stelle sein, die so verborgen ist, dass man sie erst findet, wenn die Sache im wahrsten Sinn des Wortes zum Himmel stinkt.

Als Strafe gilt alles, was die Katze als unangenehm empfinden würde. Für sensible Tiere ist das schon ein drohender Ton, ganz zu schweigen von lautem Anschreien. Besonders unangebracht sind körperliche Strafen wie Schubsen, die Nase in die Ausscheidung stupsen, das Tier mit Gewalt in die Toilette setzen, am Nackenfell packen und schütteln oder wegschleudern.

Möglichkeiten, das Verhalten zu ändern

Der erste Schritt, das Ausscheidungsverhalten der Katze wieder in gewünschte Bahnen zu lenken, besteht darin, zu überprüfen, ob die Toilettensituation in irgendeiner Weise verbessert werden kann.

Stehen die Toiletten an geeigneten Stellen, sind sie groß genug und auch wirklich sauber? Alle Möglichkeiten zur Optimierung sollten hier genutzt werden. Die Katze sollte ausreichend viele Toiletten zur Verfügung haben. Sie sollten groß genug sein, an ruhigen, ungestörten Stellen stehen und keinen Deckel haben, da fast alle Katzen Toiletten ohne Deckel bevorzugen. Die Häufigkeit der Reinigung richtet sich nach dem Bedarf. Der wiederum ist abhängig von der Anzahl und Größe der Toiletten sowie der Anzahl der Katzen, die sie benutzen. Grundsätzlich sollten Kot und Urin so häufig und so schnell wie möglich entfernt werden. Die gesamte Toilette sollte regelmäßig ausgewaschen und die Streu komplett ausgetauscht werden. Um herauszufinden, ob bestimmte Arten von Katzenstreu bevorzugt werden oder irgendeine auf Ablehnung stößt, bietet man der Katze verschiedene Arten von Katzenstreu zur Auswahl an. Es sollte so viel Katzen in der Toilette sein, dass die Katze ihre Ausscheidungen gut zuscharren kann.

Manche Katzen befördern durch heftiges Scharren viel Streu aus der Toilette hinaus in die Umgebung. Abhilfe schaffen Gefäße, die einen höheren Rand haben als die handelsüblichen Toiletten. Die Streu sollte in keinem Fall reduziert werden. Gerade bei Katzen, die ihre Toilette nicht zuverlässig benutzen, kann das schaden.

Umtrainieren

Ist erst einmal das Toilettenangebot optimiert, verrichten viele Katzen ohne weiteren Aufwand ihr Geschäft wieder zuverlässig am gewünschten Ort. Aber leider ist das nicht immer so. Oft muss die betreffende Katze erst wieder sorgfältig an die Benützung der Toilette gewöhnt werden. Das gilt besonders dann, wenn das unerwünschte Verhalten schon zur Gewohnheit geworden ist, weil die Katze bereits über einen längeren Zeitraum Stellen zur Ausscheidung benutzt hat, die aus menschlicher Sicht ungeeignet sind. Auch wenn unsachgemäße Maßnahmen angewendet worden sind oder wenn die Beziehung zwischen Katze und Halter schon gelitten hat, dauert es oft länger, bis das erwünschte Verhalten wiederaufgebaut ist. Aber auch Katzen sind selbstverständlich erziehbar. Allerdings geht das bei ihnen mit Zwang und Strafen besonders schlecht. Aus diesem Grund geht man anders vor.

Stubenreinheit

Damit die Katze wieder stubenrein wird, schafft man am besten eine Situation, in der sie keinen Fehler machen kann. Es muss also sichergestellt werden, dass die Katze ihre Ausscheidung ausschließlich an den gewünschten Stellen hinterlassen kann und sonst nirgends. Daraus entwickelt sich mit der Zeit die Gewohnheit, nur noch an diesen Stellen das Geschäftchen zu machen, und schließlich findet das zuverlässig nur noch dort statt. Dazu kann eine räumliche Einschränkung erforderlich sein, d.h., die Katze wird vorübergehend erst einmal nur in einem Raum gehalten. Wie lange das erforderlich ist, hängt von der Katze und der Lebenssituation des Halters ab. Es kann aber unter Umständen mehrere Wochen oder auch Monate dauern.

Je länger die Katze das unerwünschte Verhalten ausgeübt hat, desto länger dauert es erfahrungsgemäß, das wieder rückgängig zu machen. Gewohnheiten zu ändern ist schon bei Menschen schwer. Bei einer Katze ist es wahrscheinlich sogar noch schwerer, weil man ihr nicht erklären kann, worum es geht. Geduld ist also wichtig.

Erst wenn über längere Zeit die Toiletten zuverlässig benutzt worden sind, erlaubt man der Katze wieder mehr Bewegungsfreiraum. In großen Wohnungen oder in einem Haus ist es außerdem empfehlenswert, die Anzahl der Toiletten grundsätzlich zu erhöhen und z. B. in jedem Stockwerk mindestens eine aufzustellen.

Substratpräferenz

Es ist möglich, dass die Katze irgendein Material oder einen Untergrund zur Ausscheidung bevorzugt oder eine bestimmte Katzenstreu ablehnt. Im Prinzip können sich solche Vorlieben für so gut wie jedes Material entwickeln. Es kann eine ganz bestimmte Katzenstreu sein, aber auch glatte Untergründe wie Fliesen oder Parkett, der Teppich oder Dusch- oder Badewannen. Das geschieht vor allem dann, wenn sich eine Katze in früher Jugend an ein bestimmtes Material gewöhnt hat, einfach, weil es zur Verfügung stand. Zur Abneigung einer bestimmten Katzenstreu kann es kommen, wenn unangenehme Erfahrungen und Erinnerungen mit dieser speziellen Katzenstreu verbunden sind.

Das kann man überprüfen, indem man eine Auswahl anbietet und Toiletten mit verschiedenen Füllungen aufstellt. Dabei sind einige Grundsätze zu beachten:

› Wenn gleichzeitig mehrere verschieden gefüllte Toiletten am selben Platz stehen, wird die Möglichkeit verringert, dass die Wahl der Katze durch den *Ort*, an dem die Toilette steht, beeinflusst wird.
› Es sollte sich nicht immer dieselbe Streu in derselben Toilette befinden. Das könnte das Ergebnis des Tests beeinflussen, weil die Katze vielleicht in Wirklichkeit das Kistchen selbst und nicht die Streu vorzieht.

- Alle Toiletten müssen selbstverständlich ausreichend sauber sein. Sonst könnte der »Gebrauchszustand« das Ergebnis verfälschen: Die Katze könnte ein bestimmtes Klo benutzt haben, weil es das sauberste war. Als Mensch sollte man sich hier klarmachen, dass die Nase der Katze ganz andere Maßstäbe anlegt als eine menschliche Nase.

Um verschiedene Arten von Katzenstreu zu testen, füllt man die Katzentoiletten also über einen längeren Zeitraum mit verschiedenen Sorten und beobachtet, ob die Katze eine Streu bevorzugt.

Besteht der Verdacht, dass die Katze einen bestimmten Bodenbelag favorisiert, sollte zusätzlich zu der üblichen Toilette mit Katzenstreu auch eine leere, glatte Toilette aufgestellt werden. So findet der Halter heraus, ob die Katze einen glatten Untergrund bevorzugt. Um Teppichboden zu testen, bietet man eine zusätzliche Toilette mit einem Stück Teppichboden an. Werden immer wieder Handtücher oder Badevorleger benutzt, werden diese in einer Toilette als Unterlage angeboten.

Stellt sich heraus, dass eine Katze ein ganz bestimmtes Material bevorzugt, steht der Halter vor der Frage, ob er mit den Vorlieben der Katze leben könnte. Die am wenigsten aufwendige Lösung wäre, ihr das gewünschte Material in Zukunft zur Verfügung zu stellen.

Einer Katze, die gern die Duschwanne oder die Badewanne benutzt, könnte man das einfach gestatten. Diese Lösung erfordert am wenigsten Aufwand, weil beides leicht zu reinigen ist.

Bei Untergründen wie Teppichboden, Badematten, Handtüchern oder anderem Stoff wäre ein Umtrainieren möglich. Dazu geht man folgendermaßen vor:

Schritt 1: Als Erstes muss erreicht werden, dass die Katze nicht mehr unerwünschte Stellen benutzt, sondern ausschließlich Toiletten.

Dazu werden an den Stellen, die sie ohnehin benutzt, Toiletten *mit dem von der Katze gewünschten Material* aufgestellt. Alle sowieso vorhandenen Toiletten werden ebenfalls so ausgestattet. Dabei wird mit der Zeit deutlich werden, welche Toiletten die Katze vorzieht.

Schritt 2: Wenn die Katze über einige Zeit zuverlässig und ausschließlich die Toiletten benutzt hat, kann man versuchen, die Anzahl der Toiletten nach und nach zu reduzieren. Das wird in *kleinen Schritten* durchgeführt, bis nur noch die Toiletten, die der Halter beibehalten möchte, übrig bleiben. Die Toiletten sollten immer noch mit dem von der Katze gewünschten Material ausgestattet sein, aber ansonsten natürlich den üblichen katzenspezifischen Anforderungen entsprechen.

Schritt 3: Sobald die Katze gelernt hat, dauerhaft nur die vom Halter gewünschten Toiletten zu benützen, kann man mit der Umgewöhnung auf Katzenstreu beginnen. Dazu gibt man zunächst eine ganz kleine Menge Katzenstreu, nur ein paar Körner, am Rand in die Toilette. So gewöhnt sich die Katze an die Anwesenheit, die Beschaffenheit und den Geruch der Katzenstreu.

Schritt 4: Wenn die Katze damit keine Probleme hat und es akzeptiert, wird, auch jetzt wieder in ganz kleinen Schritten, immer ein bisschen mehr Katzenstreu zugefügt. Die Kunst dabei besteht darin, die Menge der zugefügten Katzenstreu so klein zu wählen, dass die Katze sich dadurch nicht stören lässt. Jedes Mal, wenn die Menge Katzenstreu ein bisschen vergrößert ist, bleibt man über einige Zeit bei dieser Menge, bevor man wieder mehr Katzenstreu zugibt. Das Wichtigste ist, nicht zu schnell vorzugehen.

Gleichzeitig wird das von der Katze bevorzugte Material immer weiter verkleinert. Wenn das Stück Teppichboden, das im Katzenklo liegt, ersetzt werden muss, wird einfach ein kleineres Stück genommen.

Schritt 5: Auf diese Weise wird im Lauf der Zeit in kleinen Schritten schließlich alles mit Katzenstreu ersetzt werden. Wichtig: Es dauert so lange, wie es dauert. Wenn man zu schnell, in zu großen Schritten vorgeht, kann man alles verderben und muss vielleicht wieder ganz von vorn anfangen.

Weitere Maßnahmen

Unerwünschtes Verhalten kann auch, völlig unbewusst und unbeabsichtigt, durch den Halter verstärkt werden. Das geschieht dann, wenn die Katze jede Art von menschlicher Zuwendung als angenehm empfindet. In einem solchen Fall spricht man von aufmerksamkeitserregendem Verhalten.

Das kann auch bei Unsauberkeit geschehen. Eine Reaktion des Halters, wenn die Katze sich anschickt, ihr Geschäft zu machen, oder gerade dabei ist, kann also das Verhalten verstärken, wenn die Katze es als Zuwendung empfindet.

Um eine unbeabsichtigte Verstärkung zu vermeiden, sollte man daher die Katze nicht ansehen, nicht ansprechen und nicht anfassen, während sie das unerwünschte Verhalten ausführt. Auch das Putzen der verunreinigten Stelle in Anwesenheit der Katze kann verstärkend wirken.

Umgekehrt kann man aber natürlich auch das *erwünschte* Verhalten verstärken, indem man, während die Katze die Toilette aufsucht, etwas tut, was die Katze als angenehm empfindet. Das ist individuell verschieden. Eine Katze, die Menschen liebt, kann man ruhig und freundlich ansprechen und loben, während sie die Toilette aufsucht. Eine zurückhaltende, ängstliche Katze schätzt es vielleicht, wenn man sich demonstrativ zurückzieht und sie allein lässt.

Nicht förderlich ist es erfahrungsgemäß, die Katze in das Katzenklo zu setzen und dort mit ihren Pfötchen Kratzbewegungen in der Streu auszuführen oder die Katze in der Toilette festzuhalten. Das verleidet ihr eher das Katzenklo und vielleicht sogar die Beziehung zu ihrem Menschen.

Man kann auch versuchen, verunreinigte Stellen »umzufunktionieren«. Dazu bietet man an den Stellen, die die Katze verunreinigt, Futter an. Das kann dazu führen, dass diese Stellen nicht mehr zur Ausscheidung benutzt werden. Es bedeutet allerdings nicht zwangsläufig, dass die Katze wieder die gewünschte Toilette aufsucht. Manchmal verlagert sich dadurch das Problem nur an eine andere Stelle.

Therapie mit Duftstoffen

Zu Verhaltensauffälligkeiten neigen vor allem unsichere und ängstliche Katzen. Durch besondere Duftstoffe, sogenannte Pheromone, kann man in vielen Fällen die Befindlichkeit einer ängstlichen und unsicheren Katze positiv beeinflussen. Das kann dann ihre Fähigkeit, das tägliche Leben mit seinen Stressoren zu bewältigen, merkbar verbessern.

Pheromone sind körpereigene Stoffe, die über die Luft verbreitet und durch Körperkontakt auf Artgenossen und die Umwelt übertragen werden. Zu den Pheromonen gehören unter anderem Sexuallockstoffe, andere bewirken ein Gefühl von Vertrautheit und Entspannung.

Zur Wahrnehmung dieser Stoffe dient Katzen nicht nur die Nase, sondern auch das Jacobson'sche oder Vomeronasale Organ. Es ist bei vielen Säugetieren nachgewiesen und befindet sich in der Maulhöhle am Gaumendach hinter den Schneidezähnen. Mit mehr oder weniger angehobener Oberlippe und leicht geöffnetem Maul führt die Katze beim Einatmen Luft an das Organ heran und überprüft sie dann bei angehaltenem Atem. Bei manchen Tierarten, z. B. bei Pferden,

ist dieses sogenannte Flehmen sehr deutlich zu erkennen. Bei der Hauskatze ist es nicht so auffällig.
Bei Katzen verwendet man zur Behandlung meist die synthetischen Stoffe **Feliway** und **Felifriend**. Sie sind natürlichen Pheromonen nachgebaut und im Handel bzw. beim Tierarzt erhältlich.

› **Feliway** ist dem F3-Pheromon nachempfunden, das von speziellen Drüsen im Kopfbereich produziert wird. Es dient dazu, die *Umgebung* zu markieren. Bei der Katze lösen derartige eigene Markierungen ein Gefühl von Vertrautheit mit der Umgebung und damit eine gewisse Entspannung aus. Der Einsatz von Feliway ist daher bei Unsicherheit und Angst meist hilfreich.

› Zur *Anwendung* werden mittels eines Sprays bestimmte Stellen in der Umgebung regelmäßig immer wieder besprüht. Das Sprühen sollte grundsätzlich in Abwesenheit der Katze(n) erfolgen. Weniger arbeitsaufwendig als Spray ist ein Diffuser. Er wird einfach in die Steckdose gesteckt und gibt dann über einen gewissen Zeitraum den Stoff in die Luft ab.

  Je nach Raumgröße muss der Diffuser nach drei bis vier Wochen ausgewechselt werden. In Sommermonaten bei geöffneten Fenstern ist Sprühen an ausgewählten Stellen in der Wohnung sinnvoller.

› **Felifriend** entspricht dem F4-Pheromon, das ebenfalls von speziellen Drüsen im Kopfbereich stammt. Dieses Pheromon sorgt dafür, dass die Mitglieder einer Gruppe einen »Gruppengeruch« haben, ein Anzeichen dafür, dass man zusammengehört. Daher tolerieren die meisten Katzen die Annäherung einer Katze, die diesen Geruch trägt, eher. Das gilt auch für mit Pheromon behandelte Hände.

  Die *Anwendung* erfolgt über ein Spray. Allerdings wird niemals direkt auf ein Tier gesprüht, sondern auf die Hände oder

z. B. auf ein Wattepad. Erst nach dem Trocknen streicht man über Körper und Gesicht der Katze und übertragt so den Duftstoff.

Man kann auch die natürlichen Pheromone verwenden. Dazu wischt man der Katze mit einem Wattepad mehrmals über Stirn, Wangen und Kinn. Anschließend werden die so gewonnenen Pheromone dort abgestreift, wo man sie haben möchte, z. B. an einer anderen Katze oder in der Umgebung. Ein so präpariertes Wattepad kann auch in der Umgebung an einer bestimmten gewünschten Stelle angebracht werden.

Das Einsprühen verunreinigter Stellen mit Mitteln, die die Katze abschrecken sollen, verbessert die Situation meist nicht. Bestenfalls sucht sich die Katze einfach einen anderen Ort. Im schlimmsten Fall verursacht es vermehrten Stress für die Katze. Das wiederum kann die Unsauberkeit weiter verschlimmern oder sogar zusätzliche Probleme auslösen.

Medikamente

Angst und Unsicherheit können auch durch Medikamente vermindert werden. Wie bei Menschen werden dazu heute *Psychopharmaka* eingesetzt, Substanzen, die direkt auf Nerven und Gehirn wirken. Allerdings sind die meisten davon in Deutschland bisher für die Behandlung von Tieren nicht zugelassen.

Eine Behandlung dauert im Allgemeinen einige Wochen bzw. Monate. Die Wirkung tritt bei einigen Psychopharmaka erst nach zwei bis vier Wochen ein. Beim Abschluss der Behandlung dürfen manche nicht einfach abgesetzt, sondern müssen ausgeschlichen werden. Dabei wird die tägliche Dosis über einen Zeitraum, der sich an der Dauer der vorhergehenden Behandlung orientiert, in kleinen Schritten verringert.

Bei Psychopharmaka bestehen wie bei anderen Medikamenten individuelle Unterschiede darin, wie gut der Patient auf das Medikament anspricht und wie gut er es verträgt. Unerwünschte Nebenwirkungen sind möglich. Es ist daher durchaus üblich, verschiedene Medikamente auszuprobieren, um das zu finden, das am besten geeignet ist.

Es ist besonders bei Katzen nicht immer leicht, ein Medikament über eine lange Zeit regelmäßig zu verabreichen, vor allem, wenn es so bitter ist, dass es nicht zerdrückt ins Futter gemischt werden kann. Manches, was Menschen und Hunde gut vertragen, ist für Katzen ungeeignet. Valium z. B. kann für Katzen tödlich sein. Aus diesen sowie aus arzneimittelrechtlichen Vorschriften muss eine Behandlung mit Medikamenten in jedem Fall in Zusammenarbeit mit einem Tierarzt durchgeführt werden, am besten einem, der auf Verhaltensmedizin spezialisiert ist.

Früher wurden bei Tieren zur Verhaltensbeeinflussung häufig sogenannte *Gestagene* angewendet. Diese sind mit Sexualhormonen verwandt und werden aufgrund ihrer massiven Nebenwirkungen, u. a. Krebs, nicht mehr eingesetzt. Ihr Gebrauch wäre höchstens dann gerechtfertigt, wenn Euthanasie die einzige Alternative wäre.

Alternative Behandlungen

Auch Behandlungen mit Bachblüten, Homöopathie und Traditioneller Chinesischer Medizin können die Befindlichkeit beeinflussen. Dazu sollten, wie bei der Behandlung mit Tellington TTouch und Massage, die entsprechenden Fachleute hinzugezogen werden.

2 › Markierverhalten

Alle Katzen markieren. Das ist genetisch bedingt und dient ganz allgemein der Verständigung mit anderen Katzen. Dabei werden körpereigene Duftstoffe auf die Umgebung, auf Artgenossen und auch auf Menschen übertragen. So werden Gruppenmitglieder gekennzeichnet, das Territorium abgegrenzt und das Revier markiert. Das geschieht durch Krallenschärfen, durch Reiben vor allem von Stirn, Mundwinkeln, Backen und Kinn (Köpfchen geben), aber auch durch Urin (Harnsprühen), Kot und Analdrüsensekret.

Katzen markieren vermehrt nicht nur im Zusammenhang mit Sexualität und Fortpflanzungsverhalten, sondern auch, wenn sie verunsichert sind.

Markierverhalten wie »Köpfchen geben« wird von Menschen als Zeichen der Zuneigung empfunden. Die meisten Katzenhalter haben auch nichts dagegen, wenn sich ihre Katze an ihnen reibt – ganz im Gegenteil. Aber Krallenschärfen und vor allem Markieren mit Urin oder Kot stößt verständlicherweise auf Ablehnung, ganz besonders, wenn es in Wohnräumen stattfindet.

Markieren mit Kot und Urin

Markieren mit Kot und Urin wird ausschließlich von erwachsenen Tieren ausgeführt, nicht von Jungtieren. Dabei hinterlässt die Katze Kot und Urin an auffallenden und exponierten Stellen.

Kot wird vor allem am Rand des Territoriums oft deutlich sichtbar abgesetzt, z. B. erhöht auf Steinen oder Baumstämmen. Das wirkt sowohl als geruchliches wie auch optisches Signal. Kot besitzt bei jedem Tier einen ganz individuellen Geruch. Dieser entwickelt sich aus dem verdauten Futter, abgeschilferten Körperzellen der Darmauskleidung und den körpereigenen Stoffen, die an der Verdauung beteiligt sind. Dazu kommt, dass beim Stuhlabsatz zusätzlich Sekret aus den Analdrüsen abgegeben und auf dem Kot zurückgelassen wird.

Für Artgenossen ist dadurch sicherlich die Identität des Tiers erkennbar. Wahrscheinlich sind auch Rückschlüsse auf den Gesundheits- und Ernährungszustand sowie die hormonelle Situation möglich.

Das Markieren mit Harn setzt frühestens mit Beginn der Pubertät ein und wird von geschlechtsreifen Katern und Katzen ausgeführt. Es tritt bei Katern insgesamt häufiger auf und wird in Anwesenheit rolliger Katzen vermehrt gezeigt. Eine Kastration reduziert Urinsprühen zwar erheblich, aber auch kastrierte Tiere können mit Urin weiterhin markieren.

Beim Harnsprühen nimmt die Katze im Allgemeinen eine aufrechte Körperhaltung ein. Sie richtet das Hinterteil gegen die Fläche, an der die Markierung angebracht werden soll. Der Schwanz ist hoch aufgerichtet und zittert manchmal. Häufig macht sie gleichzeitig Trippelbewegungen mit den Hinterbeinen. Der Urin wird genau auf den angepeilten Punkt gesprüht. Nur in seltenen Fällen markieren Katzen in Hockstellung mit Urin.

Katzen besprühen vor allem senkrechte Objekte und/oder Gegenstände, die optisch oder geruchlich auffallen. Dabei entstehen typische Spritzspuren, die an horizontalen Stellen lang gestreckt und eher strichförmig sind. Markiert das Tier in Hockstellung, sehen die dabei entstehenden Urinspuren deutlich anders aus als gesprühter Urin. Man findet dann eher kleine Pfützen, z. B. im Bereich von Außentüren. Im Gegensatz zum Ausscheidungsverhalten, das der Entleerung der Blase dient, wird beim Markieren meist nur wenig Urin abgesetzt.

Der intensive Geruch des Urins wird vor allem durch Oxidation und Keimbesiedlung verursacht. Verantwortlich für den typischen Katergeruch ist ein spezieller Stoff, Felinin, das beim unkastrierten Kater in großen Mengen im Urin ausgeschieden wird. Da die Synthese des Felinins von der Futterqualität abhängig ist, sind über Feliningehalt bzw. Uringeruch Rückschlüsse auf den Ernährungszustand des Katers möglich. Diese »ehrliche« Information offenbart Artgenossen, inwieweit ein Kater Zugang zu guten Futterquellen hatte, ein Hinweis auf seine Überlebensstrategien und seine Qualitäten als Vererber.

Für Artgenossen lassen sich aus Urinmarken Identität, Geschlecht, Fortpflanzungszyklus und Hormonhaushalt ablesen sowie das Alter der Markierung, d. h. wann sie ausgeführt wurde. Auch Informationen über die generelle Gefühlslage des Markierenden, sein Alter, seinen Status und seinen Gesundheitszustand sind durchaus vorstellbar.

Aufgrund der Körperhaltung sowie der gewählten Stellen handelt es sich beim Urinmarkieren sowohl um ein geruchliches wie auch um ein deutliches optisches Signal. Die auffallende Körperhaltung, die dabei eingenommen wird, kann z. B. bei Sichtkontakt mit Artgenossen als visuelles Signal Selbstbewusstsein und Selbstsicherheit demonstrieren.

Beim Sprühen erfolgt hinterher nur selten eine Geruchskontrolle. Urinschmecken, wodurch bei anderen Tierarten eine besonders intensive Überprüfung des Urins begattungsbereiter Tiere stattfindet, ist bei Katzen nicht beschrieben worden.

Während frei laufende Katzen bei Ausflügen und auch während der Jagd Urinmarken an geeigneten Stellen hinterlassen, werden vor oder während eines Katerkampfes im Allgemeinen keine Urinmarken gesetzt.

Anhand von Harn- und Kotmarkierungen können frei laufende Katzen erkennen, wer wann welche Wege benutzt. Dadurch können sie unerwünschte Begegnungen vermeiden und so ihre Kontakte mit Artgenossen kontrollieren. Markieren dient Katzen also dazu, ihr soziales Umfeld zeitlich und räumlich zu strukturieren.

Unerwünschtes Markierverhalten

Aus demselben Grund markieren Katzen auch in der Wohnung. Je größer also das Bedürfnis einer Katze nach einem klar strukturierten Umfeld ist, desto größer ist die Wahrscheinlichkeit, dass sie markiert. Das erklärt den scheinbaren Widerspruch, dass einerseits selbstsichere Tiere, aber andererseits gerade unsichere und ängstliche Katzen in der Wohnung zum Markieren neigen.

Auch in der Wohnung wird Markierverhalten meist in der beschriebenen typischen und auffallenden Körperhaltung ausgeführt. Wie frei laufende Katzen wählen auch Katzen in der Wohnung vor allem senkrechte Objekte und/oder solche, die optisch und/oder geruchlich auffallen.

Optisch auffallende Gegenstände können Dinge sein, die in der Wohnung auf dem Boden liegen, besonders dann, wenn sie auch zusätzlich geruchlich speziell sind. So können z. B. Einkaufstüten, die man neu in die Wohnung gebracht hat, zum Markieren anregen, auch Schuhe oder Handtaschen, weil sie Gerüche aus der Außenwelt hereinbringen. Das ist besonders ärgerlich, weil der Uringeruch aus Leder so gut wie überhaupt nicht entfernt werden kann, sobald er einmal eingezogen ist. Senkrechte Flächen werden vor allem in Bereichen markiert, die direkt an die Außenwelt angrenzen, z. B. an Außenwänden und im Bereich von Fenstern und von Türen, die nach draußen führen. Aber auch senkrecht hängende Stoffe wie Vorhänge oder hängende Kleidungsstücke werden benutzt. Manche Katzen besprühen auch die Wand direkt hinter der Katzentoilette.

Manchmal werden ganz spezielle Orte gewählt. Ich selbst habe einmal beobachtet, wie mein Siamkater Max im Liegen auf meinem Behandlungstisch in der Tierarztpraxis die kleine Kante am Rand präzise mit Urin besprüht hat. Kein einziger Tropfen ging daneben oder traf ihn selbst. Ein erstaunlicher Anblick!

Manche Katzen zeigen den ganzen Ablauf des Markierverhaltens, ohne dabei tatsächlich Urin abzusetzen. Die Ursache dafür kann der Füllungsgrad der Blase sein, aber es gibt individuelle Tiere, die das Verhalten regelmäßig »trocken« zeigen.

Hintergründe

Selbstsichere Katzen machen durch Markieren ihre Territorialansprüche deutlich und grenzen ihr Gebiet gegenüber Konkurrenten ab. Unsichere Katzen verstärken durch ihre persönlichen Duftmarken ihr eigenes »Heimgefühl«. Diese Katzen übertönen sozusagen mit ihrem eigenen Geruch fremde Gerüche und verbessern damit ihr persönliches Gefühl von Sicherheit.

Grundsätzlich können alle Katzen, selbst die, die eigentlich selbstsicher und entspannt sind, durch bestimmte Ereignisse so verunsichert werden, dass sie zu markieren beginnen. Sensible und/oder ängstliche Katzen empfinden aber natürlich eher jede Art von Veränderung in ihrer Umwelt als Stress und reagieren empfindlicher.

Die Ursachen sind zahlreich und können ganz unterschiedlich sein: Baulärm vor dem Haus, ein geänderter Tagesablauf, weil der Katzenhalter Urlaub hat, ein neues Möbelstück oder Besuch. Auch ein fremder Geruch, der durch das Fenster hereinweht oder an der Kleidung und den Schuhen hineingetragen wurde, kann so wirken, der Duft einer rolligen Katze oder eine neue Katze in der Nachbarschaft. Wenn mehrere Katzen zusammenleben, kann Stress durch eine andere Katze im eigenen Haushalt ausgelöst werden.

Auch zu wenig oder ungepflegte Toiletten wären ein möglicher Stressor, oder organische Erkrankungen aller Art, nicht nur im Bereich der harnableitenden Organe. Selbstverständlich ist auch die Befindlichkeit von Bezugspersonen von Bedeutung. Ein Katzenhalter, der krank ist oder selbst aus irgendeinem Grund unter

Stress steht und aus diesem Grund anders reagiert als üblich, kann auf seine Katze ebenso beunruhigend wirken wie Streitigkeiten in der Familie. Manchmal ist es auch das Zusammentreffen mehrerer Faktoren. Besuch oder das Umstellen der Möbel wäre vielleicht kein Problem für die Katze gewesen, aber durch beides gleichzeitig oder kurz nacheinander kann sie überfordert sein. Leider ist der zeitliche Zusammenhang mit einem bestimmten Stressor nicht unbedingt offensichtlich. Die Reaktion der Katze kann Tage oder auch erst Wochen später eintreten.

Letztendlich kann also jede Art von Veränderung in der Umgebung, im täglichen Ablauf oder im sozialen Umfeld verunsichernd wirken und Markierverhalten auslösen. Die Gründe für das Verhalten sind vielfältig und für Menschen oft wenig nachvollziehbar. Was es im Einzelfall ist, hängt von der betreffenden Katze ab.

Menschen empfinden es häufig als Protestverhalten, wenn die Katze ihre Ausscheidungen an anderen Stellen als der Katzentoilette hinterlässt. Diese Bezeichnung ist unglücklich, weil sie bei Menschen den Eindruck erweckt, die Katze markiere, um den Menschen zu ärgern, womöglich, um sich zu rächen. Das ist jedoch nicht der Fall, auch wenn es manchmal so aussehen mag. Die Katze reagiert mit Markieren auf für sie belastende Lebensumstände. Sie macht diese Lebensumstände damit für sich selbst erträglicher und kann sie so besser bewältigen.

Vorgehensweise

Es gibt einige Maßnahmen, die bei der Behandlung von Markierverhalten auf jeden Fall sinnvoll sind.

1. Kastration. Da erwachsene nicht kastrierte Tiere grundsätzlich vermehrt markieren, ist bei einer unkastrierten Katze oder einem

unkastrierten Kater eine Kastration in jedem Fall sinnvoll. Es ist jedoch keine Garantie dafür, dass das Harnsprühen völlig eingestellt wird. Auch kastrierte Tiere können markieren.

2. Man muss herausfinden, welche Katze für das Markierverhalten verantwortlich ist. Am einfachsten ist natürlich, wenn man das oder die Tiere dabei gesehen hat. Ansonsten geht man so vor wie schon auf Seite 15 beschrieben.
3. Die verunreinigten Stellen müssen gründlich gereinigt werden. Geeignete Reinigungsmaßnahmen sind im Kapitel über Ausscheidungsverhalten auf Seite 21 beschrieben. Auch bei Markierverhalten empfiehlt sich, die Reinigung in Abwesenheit der Katze(n) durchzuführen, um die Entwicklung von »aufmerksamkeitserregendem Verhalten« zu vermeiden.
4. Mögliche Stressoren sollten identifiziert und ausgeschaltet oder zumindest so weit wie möglich reduziert werden, u. a.:

   › Gesundheitliche Ursachen müssen ausgeschlossen bzw. behandelt werden.
   › Die Toilettensituation sollte optimiert werden. Eine ausführliche Beschreibung dazu findet sich im ersten Kapitel (s. S. 23).
   › Kontakte mit fremden Katzen werden so weit wie möglich vermieden.

Strafen verschlechtern erfahrungsgemäß die Situation: Bei unsicheren Tieren wird die Unsicherheit weiter verstärkt, bei selbstsicheren Tieren wird möglicherweise Unsicherheit erzeugt. In beiden Fällen kann das weitere unerwünschte Verhaltensweisen nach sich ziehen. Daher sollte prinzipiell auf Strafen verzichtet werden. Als Strafe zählt alles, was die Katze als unangenehm bzw. bedrohlich empfinden könnte, auch Schimpfen oder eine drohende Körperhaltung.

Die folgenden Maßnahmen können hilfreich sein:

- Einsatz von Duftstoffen. Pheromone verbessern in manchen Fällen die Befindlichkeit der betroffenen Katze(n) und können dadurch das Markierverhalten vermindern (s. S. 29). Vom Besprühen der markierten Stellen mit abschreckenden Geruchstoffen ist abzuraten. Meist sucht sich die Katze einfach andere Stellen, und wenn man Pech hat, wird das Markierverhalten sogar verstärkt.
- Durch den Einsatz von Psychopharmaka kann die Befindlichkeit der betroffenen Katze(n) verbessert werden (s. S. 31). Dazu kommen in erster Linie angstlösende Mittel infrage.
- Auch eine Behandlung mit Bachblüten, Homöopathie und Traditioneller Chinesischer Medizin kann die Befindlichkeit beeinflussen. Dazu sollten, wie bei der Behandlung mit Tellington TTouch und Massage, die entsprechenden Fachleute hinzugezogen werden.
- Die Katze(n) wird/werden von den markierten Stellen ferngehalten. Der Zugang zu diesen Stellen wird also versperrt bzw. die Katze wird nicht mehr in die betreffenden Räume gelassen. Das kann auch den Stress für den Halter reduzieren. Es besteht jedoch die Gefahr, dass sich die Katze einfach neue Stellen sucht.
- Man schafft »erlaubte« Markierungspunkte. Dazu gestaltet der Halter bestimmte Stellen, die zum Markieren benutzt werden, durch entsprechende Unterlagen und Schutzvorrichtungen gezielt so, dass sie leicht zu reinigen sind und durch das Markieren kein Schaden an Wänden und Fußboden entsteht.
- Manche Katzen hören auf, in der Wohnung zu markieren, wenn sie nach draußen dürfen.
- Wenn die genauen Auslöser bekannt sind, kann durch verhaltenstherapeutische Maßnahmen die Reaktion der Katze auf diese Auslöser gezielt verändert werden. Die einzelnen Vorgehenswei-

sen (Habituation, Desensibilisierung, Gegenkonditionierung) werden in Kapitel 5 ausführlich beschrieben.

- Bei Konflikten zwischen Katzen in einem Mehrkatzenhaushalt können die Gefühle der Katzen, die miteinander Probleme haben, mittels einer Gegenkonditionierung (s. S. 109) gezielt verändert werden.
- Manchmal ist eine vorübergehende oder auch dauerhafte räumliche Trennung von Katzen, die sich gegenseitig stressen, erforderlich.

Wenn die Lebensumstände einer Katze die überwiegende Ursache für ihr unerwünschtes Verhalten sind und wenn keinerlei Aussichten bestehen, diese Situation zu verändern und zu verbessern, dann wäre ein Platzwechsel sinnvoll. Obwohl es nicht leicht ist, für verhaltensauffällige Katzen ein neues Heim zu finden, sollte auch diese Möglichkeit sachlich und objektiv überprüft werden. Manchmal ist es der einzige Weg, um das Leben für Katze und Halter wieder erträglich zu machen.

3 › Fallbeispiele

Die folgenden Fälle stammen aus der Praxis. Die Namen sind selbstverständlich geändert. Bei allen Katzen handelt es sich um normale Hauskatzen, also Katzen der Rasse »Europäisch Kurzhaar«.

Vor den Hausbesuchen beantworteten alle Katzenhalter zuerst einen Fragebogen, der dazu diente, die Vorgeschichte der jeweiligen Katze zu erfassen. Einige Tage später erfolgte ein Hausbesuch, um die Situation vor Ort in Augenschein zu nehmen und noch bestehende Unklarheiten auszuräumen. Dabei wurden dann mit dem Halter mögliche Problemlösungen besprochen. Anschließend wurde herausgefiltert, was für Halter und Katze(n) den besten Erfolg versprach und in der individuellen Situation durchführbar war.

Gerade bei Unsauberkeit und Markierverhalten bei Katzen ist es durchaus möglich, allein mittels eines Fragebogens und Telefongesprächs die Diagnose zu erstellen. Aber nur mit einem Hausbesuch lassen sich die örtlichen Gegebenheiten wirklich erfassen und eine daran möglichst gut angepasste Lösungsstrategie entwickeln. Das kann auch durch das persönliche Kennenlernen von Katze und Halter bei einer Konsultation in der Praxis nicht ersetzt werden.

Fall 1: Paul

Problem: Paul uriniert seit ungefähr sechs Monaten überall im Haus. Er geht dazu sogar bis ins Dachgeschoss. Dort uriniert er hinter und auch auf die Gästecouch sowie in die im Dachgeschoss stehenden Blumentöpfe. Seine beiden Toiletten benutzt er ausschließlich für den Kotabsatz.

Vorbericht

Paul wurde auf einem Bauernhof geboren, wo seine Mutter das übliche Leben einer unabhängigen Bauernkatze führte. Seine Halter, ein Ehepaar mittleren Alters, holten ihn zu sich, als er sieben Wochen alt war. Seither lebt er mit ihnen als einziges Haustier in einem Reihenhaus mit kleinem Garten. Die erwachsene Tochter der Halter ist vor ungefähr vier Jahren ausgezogen, kommt aber regelmäßig zu Besuch.

Paul darf im ganzen Haus frei laufen und hat etwa 200 m^2 Wohnfläche zur Verfügung, die sich auf drei Stockwerke und den Keller verteilen. Im Wohnzimmer steht ein zimmerhoher Kratzbaum, bei dem Paul vor allem die oberen Plattformen nutzt, um von dort alles zu beobachten. In der unteren Höhle ruht er nie. Rückzugsplätze stehen Paul im ganzen Haus zur Verfügung, aber es gibt keine bestimmten Räume oder besonderen Liegeplätze, die er dauerhaft bevorzugt. Aufgrund einer stark befahrenen Straße direkt vor dem Haus darf Paul draußen nicht frei laufen, aber morgens und abends an der Leine in den Garten, und auch, wenn er danach verlangt.

Paul fordert und bekommt morgens seine Streicheleinheiten, aber das reicht ihm dann auch. Zu Sozialkontakten fordern sich Paul und seine Halter ab und zu gegenseitig auf. Spiele, mit Plüschtieren und einem Ball, finden eher selten statt. Weil Paul beim Spielen schnell außer Atem gerät, dauern sie meist nicht lange.

Die Halter beschreiben Paul als sehr eigensinnig, nachtragend, schreckhaft und ängstlich und finden, er sei zu wenig verschmust. Als größte Veränderung in Pauls Leben bezeichnen sie den Auszug der erwachsenen Tochter, da sie eine besonders wichtige Bezugsperson für Paul war. Eine irgendwie auffallende Reaktion auf dieses Ereignis zeigte Paul jedoch nicht. Wenn die Tochter zu Besuch kommt, reagiert er allerdings mit sichtlicher Freude und Anhänglichkeit. Insgesamt finden die Halter Paul ein bisschen zu distanziert.

Wenn jemand an der Haustür klingelt, läuft Paul sofort neugierig zur Tür, um die Besucher in Augenschein zu nehmen, aber er ist an direktem Kontakt mit ihnen nicht interessiert. Wenn fremde Menschen mit ihm Kontakt aufnehmen wollen, reagiert er eher scheu und zurückhaltend und läuft sogar weg, wenn er angesprochen wird.

Als Jungtier litt Paul einmal an einer Darmerkrankung mit Durchfall. Im Alter von etwa einem Jahr wurde er routinemäßig kastriert. Ansonsten hatte Paul keine gesundheitlichen Probleme, bis er an einer Blasenentzündung erkrankte. Da Kristalle im Urin gefunden wurden, bekommt Paul seither Spezialfutter, um so einer erneuten Bildung von Kristallen vorzubeugen. Paul wird morgens und abends gefüttert und akzeptiert das Futter ohne Probleme. Zwischendurch erhält er ab und zu kleine Leckerbissen. Vor seiner Erkrankung hat Paul Kot und Urin zuverlässig in seine beiden Toiletten abgesetzt. Die eine befindet sich im Keller unter der Treppe, die zweite im Erdgeschoss im Gäste-WC, wo sie direkt neben der Toilette steht. Diese Katzentoilette benutzt Paul besonders gern, u. a. wenn die Halterin selbst die Toilette im Gäste-WC aufsucht. Bei der Benutzung der Katzentoilette sitzt Paul nicht ganz darin, sondern stellt seine Vorderpfoten auf den Rand. Er verrichtet außerdem, wenn er an der Leine in den Garten darf, bei gutem Wetter sein Geschäft auch gern draußen.

Die Toiletten haben keinen Deckel, sind viereckig, 46 x 38 bzw. 56 x 42 cm groß und gut mit Klumpstreu gefüllt. Kot und Urin werden täglich entfernt und meist sogar sofort, nachdem Paul die Toilette benutzt hat. Ungefähr alle zwei Wochen wird die komplette Streu ausgewechselt und die Toiletten mit Flüssigreiniger ohne Ammoniakzusatz gereinigt.

Als Paul an der Blasenentzündung erkrankte, begann er damit, sich im ganzen Haus immer wieder neue Stellen zum Urinieren zu suchen. Kot setzte er jedoch weiter in der Toilette ab. Auch als er nachweislich wieder ganz gesund war, hörte er nicht auf, außerhalb der Katzentoilette zu urinieren. Pauls Halter schimpften ihn aus, wenn sie ihn dabei erwischten, wie er irgendwo im Haus urinierte. Dann rannte Paul davon und versteckte sich. Sein Verhalten änderte er jedoch nicht. Stattdessen suchte er nach Stellen im Haus, wo er urinieren konnte, ohne von seinen Haltern gesehen zu werden.

Konsultation

Bei der Konsultation, die ungefähr ein halbes Jahr nach Beginn des Verhaltensproblems stattfindet, ist Paul ungefähr sieben Jahre alt. Sein Verhalten hat sich, obwohl er seit etwa zwei Monaten nachweislich gesund ist, nicht wieder geändert. Es gab zwar in der letzten Zeit eine Woche, in der Paul wieder in die Katzentoiletten uriniert hat, aber leider hat das nicht angehalten.

Paul entspricht der Beschreibung der Halter. Er inspiziert mich, beschnüffelt mich und meine Tasche ganz genau und setzt sich dann so, dass er mich aus einiger Entfernung genau beobachten kann. Als er zufrieden ist, verlässt er das Wohnzimmer. An direktem Kontakt mit mir ist er ganz offensichtlich nicht interessiert.

Pauls Toiletten sind gepflegt. Sie stehen an geeigneten Stellen, geschützt und ruhig und sind ausreichend tief mit Streu gefüllt. Allerdings erscheint der Platz bei der Toilette im Gäste-WC ein bisschen knapp. Paul kann nicht wirklich mit ausgestreckt gehaltenem

Schwanz bequem in der Toilette sitzen. Das ist vielleicht die Ursache dafür, dass er möglichst weit vorn in der Toilette sitzt und die Vorderpfoten am Rand aufsetzt. Paul hat sich die verschiedensten Orte zum Urinieren gesucht. Auffallend ist vor allem die Wahl im Keller. Dort hat er direkt neben und hinter der Katzentoilette auf den Fliesenboden uriniert. Im Gästezimmer im Dachgeschoss hat er hauptsächlich neben und hinter dort stehenden Blumentöpfen Urin abgesetzt und Erde aus den Blumentöpfen gescharrt.

Die Urinspuren sind unterschiedlich groß und befinden sich auf horizontalen Flächen. An einer einzigen Stelle, den Gardinen neben der Terrassentür, befindet sich gesprühter Urin an der Wand. Dabei handelt es sich nach Auskunft der Halter um ein einmaliges Ereignis, das sich nie wiederholt hat.

Diagnose

Paul hat in der Wohnung sowohl Markierverhalten wie auch Ausscheidungsverhalten gezeigt:

- Bei den Urinspuren an den Gardinen an der Terrassentür handelt es sich um Markierverhalten. Da es sich um ein einmaliges Ereignis handelt, wird darauf bei der weiteren Vorgehensweise nicht speziell eingegangen.
- In allen anderen Fällen zeigen sowohl die Stellen, die Paul gewählt hat, als auch die Urinspuren selbst, dass es sich um Ausscheidungsverhalten handelt.

Dem Verhalten liegt ursächlich die Harnwegserkrankung zugrunde. Haupthinweis darauf ist, dass Paul mit Beginn der Erkrankung damit angefangen hat, Urin zunehmend weniger und schließlich gar nicht mehr in seinen Toiletten abzusetzen. Der Grund dafür ist, dass

Paul im Zusammenhang mit dem Urinieren Schmerzen hatte. Diese unangenehme Erfahrung hat er jedoch nicht mit sich selbst in Verbindung gebracht, sondern mit dem Ort, an dem er sich in diesem Augenblick befunden hat. Deshalb hat er versucht, Stellen zu finden, an denen das Pinkeln nicht so schmerzhaft ist. Daraus hat sich im weiteren Verlauf eine Gewohnheit entwickelt, die Paul weiter beibehalten hat, als er schon längst wieder gesund war. Leider kommt das verhältnismäßig häufig vor. Mehrmals erwischten die Halter Paul dabei, wie er Urin an anderen Stellen als den Katzentoiletten absetzte, und schimpften ihn aus. Das führte dazu, dass er nach besser versteckten Stellen suchte, um unbeobachtet und ungestört zu pinkeln. Paul hat dazu das Dachgeschoss erwählt, was seine Halter erst nach einigen Tagen gemerkt haben, als sie die Blumen im Dachstudio gießen wollten.

Bei Paul handelt es sich um ein erlerntes Verhalten. Er kann daher im Prinzip auch wieder lernen, das Richtige zu tun. Aber wie jeder von uns aus eigener Erfahrung weiß: Es ist nicht leicht, einmal erworbene schlechte Gewohnheiten wieder loszuwerden.

Prognose: Die Aussichten, dass Paul wieder wie gewünscht seine Toiletten zum Urinieren besuchen wird, sind gut. Man kann es als gutes Zeichen für die Zukunft werten, dass Paul zwischendurch ungefähr eine Woche lang seine Toiletten wieder benutzt hat. Obwohl er damit wieder aufgehört hat, konnte er in dieser Zeit schon einmal die Erfahrung machen, dass es beim Pinkeln nicht wehtut und dass die Toilette nicht gefährlich ist.

Behandlungsmaßnahmen

Die einzelnen Behandlungsmaßnahmen werden so gewählt, dass einerseits das Umlernen für Paul so leicht wie möglich gemacht wird und andererseits Stress und Ärger bei Pauls Besitzern möglichst reduziert werden. In Pauls Fall überschneiden sich daher Management- und Behandlungsmaßnahmen. Stress und Ärger können vermindert werden, wenn zunächst einmal an den Stellen, die Paul »missbraucht« hat, attraktive Toiletten aufgestellt werden. Es ist einfach weniger aufwendig, eine Katzentoilette zu säubern als den Teppich. Die anderen Toiletten werden verbessert und damit so attraktiv wie möglich gemacht.

Im Dachgeschoss werden daher zwei neue Toiletten neben bzw. hinter den Blumen aufgestellt. Beide Toiletten sollten so groß sein, dass Paul sich zum Urinieren bequem mit ausgestrecktem Schwanz hineinsetzen kann. Zusätzliche Katzentoiletten im Dachstudio sind auch einigermaßen zumutbar, da das Dachstudio als Gästezimmer dient und nur manchmal wirklich »bewohnt« wird. Die beiden Toiletten stehen absichtlich nicht direkt nebeneinander, weil Katzen dicht zusammenstehende Toiletten als eine einzige Toilette empfinden. Katzen haben aber lieber zwei Toiletten.

An der **Toilette im Gäste-WC** lässt sich aufgrund der räumlichen Situation wenig verändern. Man könnte sie allerdings von der hinteren Wand etwas nach vorn rücken – dann hat Paul ein bisschen mehr Platz und kann beim Sitzen seinen Schwanz besser ausstrecken.

Die **Toilette im Keller** bietet gute Verbesserungsmöglichkeiten, da die Stelle unter der Treppe sehr geräumig ist. Hier werden zwei große Katzentoiletten aufgestellt mit etwa 20 cm Abstand voneinander aufgestellt. Dadurch schlägt man mehrere Fliegen mit einer Klappe:

- Die zweite Toilette steht an einer Stelle, an der Paul schon auf die Fliesen gepinkelt hat.
- Paul kann wählen, welche der beiden Toiletten er benutzen möchte.

› Paul hat immer genug Platz, um in jeder der beiden Toiletten eine Stelle zu finden, an der er bequem mit ausgestrecktem Schwanz urinieren kann.

Da Strafen erfahrungsgemäß zu Unsicherheit, Ängsten und Stress führen, sollte Paul keinesfalls bestraft oder ausgeschimpft werden, auch wenn er wieder dabei ertappt werden sollte, wie er an einer falschen Stelle uriniert.

Ergebnis

Paul benutzte die angebotenen Toiletten sofort und urinierte an keinen weiteren Stellen. Empfehlenswert wäre, die beschriebenen Änderungen auf Dauer aufrechtzuerhalten, da sie für Paul eine merkbare Verbesserung seiner Lebensqualität bedeuten. Für die Halter entsteht natürlich ein erhöhter Aufwand, weil mehr Toiletten in Ordnung gehalten werden müssen. Aber das wird dadurch wettgemacht, dass Paul sich angemessen verhält. Allerdings könnte man im weiteren Verlauf – nach einigen Wochen – versuchen, ob nicht eine einzige Katzentoilette im Dachgeschoss ausreicht.

Fall 2: Anton

Problem: Anton pinkelt und sprüht schon geraume Zeit Urin im Wohnzimmer an Wände und Heizung. Auch auf dem Wohnzimmertisch hat er schon Pfützen hinterlassen und, wenn er ins Schlafzimmer durfte, auch auf dem dort stehenden Arbeitstisch.

Vorbericht

Anton lebt seit sechs Jahren bei seinen Haltern und ist bei ihnen auf seinem dritten Platz. Über den ersten Halter ist nichts bekannt. Der zweite Halter, ein alleinstehender Journalist, hat den Kater aus dem brennenden Haus des ersten Besitzers gerettet und anschließend behalten. Bei ihm lebte Anton gemeinsam mit einer Katze und hatte mit ihr zusammen sogar einmal Nachwuchs. Leider erkrankte der Halter an einer Katzenallergie und musste sich von beiden Tieren trennen. Als Anton ungefähr drei Jahre alt war, kamen er und seine Gefährtin daher zu den jetzigen Haltern, einem Ehepaar im Alter von ungefähr dreißig Jahren.

Zuerst lebten die Halter mit den beiden Katzen in einer Wohnung mit 65 m^2. Anschließend zogen sie in ein 110 m^2 großes Haus mit Garten. Dort durften die Katzen unter Aufsicht in den Garten, aber Anton war nicht wirklich gern draußen. Jetzt wohnen die Halter in einer Wohnung, die drei Zimmer hat und ungefähr 85 m^2 groß ist.

Beide Katzen sind kastriert, aber die Halter wissen nicht, wann genau das erfolgt ist. Die Katzen werden regelmäßig geimpft, irgendwelche Vorerkrankungen sind nicht bekannt.

Die Halter schildern Anton als zurückhaltend und eher ängstlich. Wenn er Sozialkontakt haben möchte, zeigt er das. Meist möchte er aber lieber in Ruhe gelassen werden. Allerdings ist er in den letzten Jahren erheblich zugänglicher geworden. Seit ungefähr eineinhalb

Jahren kommt er von selbst zum Halter auf den Schoß und lässt sich streicheln. Beide Katzen begrüßen die Halter, wenn diese von draußen, z. B. nach der Arbeit, wieder in die Wohnung zurückkehren und wenn sie morgens nach dem Aufstehen aus dem Schlafzimmer kommen.

Vor unbekannten Menschen hat Anton sich früher gefürchtet, und, wenn Besuch kam, sogar versteckt. Heute bleibt er in der Nähe. Er hält aber so viel Abstand, dass er nicht angefasst werden und bei Bedarf flüchten kann.

Er fürchtet laute Geräusche und zieht sich bei Gewitter in das Bad zurück. Das liegt in der Mitte der Wohnung, und weil es kein Fenster hat, sind Geräusche von draußen hier am wenigsten zu hören.

Die Katzen spielen mit Spielzeugmäusen, Bällen, Schnur, Papier- und Alufolienkugeln, manchmal miteinander und manchmal mit den Haltern. Meist fängt die Katze an, während Anton sich zunächst abwartend verhält. Er macht erst dann mit, wenn die Menschen mitspielen. Am liebsten jagt er raschelnde Papier- und Alufolienkugeln, die er auch manchmal apportiert. Bei Spielen mit seinen Menschen setzt Anton seine Krallen überhaupt nicht ein. Beendet werden Spiele mal von den Katzen, mal von den Menschen.

Abgesehen von kleinen Streitigkeiten haben sich beide Katzen immer gut vertragen und mögen sich gern. Anton verhält sich der Katze gegenüber im Allgemeinen freundlich. In der letzten Zeit hat sich das jedoch verändert: Sie streiten deutlich mehr miteinander. Manchmal bricht ein Streit ganz plötzlich aus. Besonders Jagdspiele können schnell grob werden und mit Fauchen und dem Einsatz der Krallen enden.

Die Katzen bekommen sechsmal täglich kleine Portionen zu essen, einmal davon Dosenfutter. Die Halter legen Wert auf Qualität und versorgen die Katzen mit altersgemäßem Futter. Einen bestimmten Hersteller oder irgendeine Marke bevorzugen sie jedoch nicht.
Es gibt für beide Katzen zusammen zwei Toiletten. Oft steht eine Katze vor der Toilette, während die andere sie benutzt. Eine der Toiletten

befindet sich im Wohnzimmer, die andere in der Diele. Die im Wohnzimmer ist 48 x 40 x 40 cm groß, die in der Diele 50 x 34 x 40 cm. Beide Toiletten haben Deckel und Tür. Sie sind mit Zeitungspapier ausgelegt, auf dem sich die Katzenstreu befindet.

Einmal in der Woche wird bei beiden Toiletten Zeitungspapier und Streu komplett ausgewechselt und die Unterteile mit warmem Wasser und einem Reinigungsmittel ausgewaschen. Das Oberteil wird ungefähr einmal im Monat gründlich gewaschen.

Das Verhaltensproblem trat zum ersten Mal vor etwa zwei Jahren auf, als das Haus aufgrund des bevorstehenden Umzugs von vielen Interessenten besichtigt wurde. Seither hat es sich fortlaufend verschlimmert. Jetzt haben die Halter den Eindruck, dass Anton seine Urinspuren vor allem nachts hinterlässt.

Sie haben Anton dabei beobachtet, wie er außerhalb der Toilette im Stehen uriniert hat. Wenn dabei sein Schwanz zittert, setzt er nur wenig Urin ab, in anderen Fällen kann die Urinmenge erheblich sein. Anton hat Urinspuren im Wohnzimmer vorwiegend im Bereich der Fenster hinterlassen: auf den Fensterbrettern und an den Gardinen, an der Wand unterhalb eines Fensters und an dem Heizkörper, der sich unter dem anderen Fenster befindet. Außerdem hat er auf den Kratzbaum uriniert und auch auf den Wohnzimmertisch, der sich direkt neben der Tür zum Flur befindet. Im Schlafzimmer auf dem Arbeitstisch, der dort vor dem Fenster steht, gab es ebenfalls Urinpfützen. Einmal hat Anton auch Urin direkt innen an der Wohnungstür abgesetzt. Das hat sich jedoch nie wiederholt. Die Halter vermuten, dass Anton das getan hat, weil der Halter nach der Arbeit kurz nach Hause kam, aber die Wohnung sofort wieder verlassen musste. Die Halter haben die Katze dabei beobachtet, wie sie Antons Hinterlassenschaften genau inspizierte, aber nie gesehen, dass sie selbst irgendwo Urin außerhalb der Katzentoilette abgesetzt hätte.

Das Zusammenleben von Katzen und Haltern hat sich in den letzten Jahren aufgrund der Verhaltensproblematik gravierend verändert. Bis zum Umzug in die jetzige Wohnung vor ungefähr zwei Jahren durften die Katzen bei den Haltern im Bett schlafen. Das dürfen sie nicht mehr. Weil sie vor der Schlafzimmertür miaut haben, werden sie nachts im Wohnzimmer eingesperrt. Dann kommt die Katzentoilette aus der Diele mit ins Wohnzimmer.

Tagsüber haben beide Katzen freien Zugang zu Diele, Bad, Küche und Wohnzimmer. Früher lagen die Katzen, besonders Anton, tagsüber gern auf dem Bett. Jetzt schläft er am Tag oft in der Küche auf der Anrichte oder auf dem Küchentisch in der Sonne, auch oben auf dem Kratzbaum oder in einem Korb mit einem Kissen im Wohnzimmer. In das Schlafzimmer und das Arbeitszimmer dürfen beide Katzen seit Langem nur ausnahmsweise und unter Aufsicht. Wenn sich jedoch einmal eine Gelegenheit dazu bietet, flitzt Anton blitzschnell in das Schlafzimmer und kuschelt sich in die Bettdecke. Wenn die Halter in Urlaub fahren, werden die Katzen vorübergehend zu den Schwiegereltern gebracht. Beide Katzen mögen die Schwiegereltern gern und verhalten sich ihnen gegenüber so wie gegenüber den Haltern. Auch in dieser Umgebung zeigt Anton das unerwünschte Verhalten.

Die Halter waren zunächst der Ansicht, dass Anton durch die Hausbesichtigungen beunruhigt war und deshalb so reagierte. Sie hofften, es würde vorübergehen, sobald wieder Ruhe eingekehrt wäre, und warteten daher erst einmal ab. Als sich jedoch nichts änderte, wurden sie ungeduldig und böse. Schimpfen beeindruckte Anton so sehr, dass er flüchtete. Aber sein Verhalten verbesserte sich dadurch nicht. Inzwischen reagieren die Halter auf Antons Verhalten nicht mehr böse. Sobald sie sehen, dass Anton mit seinem Schwanz zittert, versuchen sie ihn abzulenken und so vom Urinsprühen abzuhalten.

Mit Unterstützung ihres Tierarztes haben die Halter alles Mögliche versucht. Eine Hormonspritze bewirkte nichts. Mehr Zuwendung, mehr Zeit mit den Katzen zu verbringen und eine andere Katzenstreu änderten ebenfalls nichts. Bachblüten brachten für ungefähr vier Monate ein bisschen Erleichterung, dann war auch das wieder vorbei. Auch die Anwendung von Pheromonen mittels eines Feliway Diffusers nützte nichts. Schließlich wurden für Anton Bespar® Tabletten verschrieben, die er sich auch ohne Probleme eingeben ließ. Sie führten jedoch zu einer erhöhten Aggressivität gegenüber der Katze. Diese Nebenwirkung des Medikaments ist nicht ungekannt. Es erhöht die Anhänglichkeit und Zutraulichkeit gegenüber Menschen, kann aber aggressives Verhalten gegenüber Artgenossen bewirken.

Beim **Hausbesuch** nimmt die Katze neugierig Kontakt mit mir auf. Anton hält sich zurück, lässt mich aber nicht aus den Augen. Beide Katzen sehen gesund und gut ernährt aus. Mich interessieren vor allem die räumlichen Gegebenheiten und welche Behandlungsmaßnahmen sie ermöglichen.

Die Diele ist geräumig, alle Räume der Wohnung sind von hier aus zugänglich. Hier steht auch der Kratzbaum. Er hat unten eine Höhle und darauf ist ein Stamm zum Klettern und Krallenschärfen befestigt. Oben auf diesem Stamm, ungefähr in 140 cm Höhe, befindet sich ein gepolstertes Brett, auf dem die Katzen liegen können, das Katzenbrett. Der Kratzbaum befand sich ursprünglich im Wohnzimmer, bis Anton auch an ihm seine Urinspuren hinterließ. Seit der Kratzbaum in der Diele steht, ist das nicht mehr passiert.

Das Wohnzimmer ist nicht besonders groß. Auffallend ist der Straßenlärm, der durch die beiden Fenster dringt, obwohl sie geschlossen sind.

Zum Zeitpunkt der Konsultation sind die Katzen etwa neun Jahre alt. Das Verhaltensproblem besteht seit ungefähr zwei Jahren. Alle bisherigen Versuche, es zu ändern, waren erfolglos. Die Halter erwarten in sieben Wochen ein Baby und sind verzweifelt.

Diagnose

Wenn Anton in stehender Position und mit zitterndem Schwanz Urin absetzt, handelt es sich eindeutig um Markierverhalten. Auch die Wahl der Orte, Fenster und Wände, die an die Außenwelt angrenzen, und exponierte Stellen wie der Kratzbaum oder die Tische, spricht dafür. Anton verbessert durch seinen persönlichen Geruch an den Außenwänden sein eigenes Sicherheitsgefühl. Es ist auch nicht erstaunlich, dass er das braucht. Er hat ein Feuer überlebt, war bei drei verschiedenen Besitzern und hat an fünf verschiedenen Orten gelebt. Anton ist nicht selbstsicher und entspannt. Ein deutlicher Hinweis darauf ist sein Verhalten Menschen gegenüber. Es hat unter anderem Jahre gedauert, bis er von sich aus zum Schmusen auf den Schoß des Halters kam.

Dem Markierverhalten liegt also Antons Unsicherheit zugrunde. Der Auslöser dafür ist, dass die mit dem letzten Umzug verbundenen Hausbesichtigungen ihn zutiefst beunruhigt haben. Das haben die Halter ganz richtig beobachtet.

Sie haben dabei leider unterschätzt, wie sehr die vielen fremden Menschen und der anschließende Umzug Anton in seiner Befindlichkeit beeinträchtigt haben. Auch war ihnen nicht bewusst, dass es länger dauern kann, bis eine Katze sich an neue Lebensumstände gewöhnt hat und sich wieder »normal« verhält. Als sie Anton dann für sein Verhalten ausgeschimpft haben – eine völlig normale menschliche Reaktion –, hat das seine Unsicherheit und damit sein unerwünschtes Verhalten weiter verstärkt.

Wenn Anton große Pfützen auf horizontalen Stellen absetzt, spricht das für unerwünschtes Ausscheidungsverhalten. Der Grund dafür wäre möglicherweise, dass die Toilettensituation nicht optimal ist. Allerdings haben die Halter Anton dabei nie beobachtet und können daher nicht beschreiben, welche Körperhaltung er dabei eingenommen hat.

Antons Verhalten kann leicht als Protestverhalten empfunden werden, aber das trifft so nicht zu. Anton trifft keine bewusste Entscheidung. Er will nicht »seinen Haltern zeigen«, dass er unzufrieden ist. In Wirklichkeit kann er nur auf diese Weise seine eigene Unsicherheit und seine Ängste beschwichtigen. Nur so kann Anton die bestehende Situation bewältigen und für sich selbst erträglich machen. Es ist seine Art, Änderungen zu bewältigen. Er kann tatsächlich nicht anders.

In den letzten beiden Jahren hat sich die Situation insgesamt immer weiter verschlimmert. Es ist verständlich, dass die Halter, um wenigstens zwei Zimmer zu haben, in denen es nicht nach Katzenurin stinkt, die Bewegungsfreiheit der Katzen eingeschränkt haben. Das jedoch bedeutet für die Katzen eine erhebliche Verschlechterung der Lebensqualität, besonders nachts.

Die massivste Änderung ist, dass beide Katzen, die daran gewöhnt waren, im Bett bei ihren Menschen zu schlafen, das nicht mehr dürfen. Besonders für Anton war das ein wichtiger Sicherheitsfaktor. Der fehlt ihm nun und er leidet ganz offensichtlich darunter. Immer noch versucht er bei jeder Gelegenheit, ins Schlafzimmer zu huschen und sich in der Bettdecke zu vergraben.

Weil die Katzen vor der Schlafzimmertür gejammert haben, wurde ihre Bewegungsfreiheit nachts weiter eingeschränkt. Sie werden jetzt jede Nacht im Wohnzimmer eingesperrt und haben also noch weniger Platz. Jeden Abend wird außerdem die Katzentoilette aus der Diele ins Wohnzimmer gestellt: eine an sich kleine Veränderung, die aber für Anton möglicherweise zusätzlichen Stress bedeutet. Der Kratzbaum steht jetzt im Flur und ist dadurch nur noch tagsüber zugänglich. Ein besonderer Nachteil vor allem für Anton ist, dass er jetzt nachts keinen Zugang mehr zum Bad hat. Das ist jedoch sein ganz spezieller Rückzugsort, wenn er beunruhigt ist, z. B. durch laute Geräusche – und die Geräuschbelastung im Wohnzimmer ist aufgrund der beiden Fenster erheblich.

Es gibt also durchaus nachvollziehbare Gründe, warum Anton vor allem nachts markiert: Er fühlt sich nachts im Wohnzimmer besonders unsicher und kann nicht in Ruhe durchschlafen.

Prognose: Die Aussichten, das bestehende Problem zu lösen, werden durch eine Reihe von Faktoren erschwert:

- Das Ganze dauert schon sehr lange.
- Viele der zur Verfügung stehenden Möglichkeiten wurden schon ohne Erfolg angewendet.
- Die Halter sind am Ende ihrer Kraft. Das gilt besonders für die Halterin. Sie ist hochschwanger, und Antons Verhalten ist eine zusätzliche Belastung, die immer unerträglicher wird.
- Anton geht es schon jetzt in der bestehenden Situation nicht gut. Änderungen verkraftet er nicht besonders gut. Jetzt steht eine weitere schwerwiegende Änderung bevor: In sieben Wochen kommt ein Baby ins Haus.

Es gibt aber einen Pluspunkt. Die Halter lieben Anton ganz offensichtlich und sind sehr motiviert. Jahrelang haben sie sich mit dem Problem herumgeschlagen und alle möglichen Lösungen versucht. Sie möchten nichts unversucht lassen und haben auch bisher keine Kosten gescheut.

Insgesamt ist die Prognose aber ungünstig.

Behandlungsmaßnahmen

Genau betrachtet gibt es die folgenden Problembereiche:

- Die Ursache für Antons Verhalten ist seine augenblickliche Befindlichkeit: Es geht ihm wirklich nicht gut. Um sein Verhalten zu ändern, muss irgendwie erreicht werden, dass er sich besser fühlt.

› Die Befindlichkeit der Halterin muss berücksichtigt werden. Stress in der Schwangerschaft schadet Mutter und Kind.
› In spätestens sieben Wochen ist das Baby da. Wieder eine schwerwiegende Veränderung, an die sich Anton, der mit Änderungen so schlecht umgehen kann, gewöhnen muss.
› Es ist nur in ganz seltenen Fällen möglich, ein Verhaltensproblem schnell zu beheben. Meist müssen Gewohnheiten verändert werden, das dauert einfach seine Zeit.

Es müssen also Möglichkeiten gefunden werden, die dafür sorgen, dass Anton sich wieder besser und sicherer fühlt. Alle Lösungsstrategien müssen an die Wohnungssituation und die finanziellen Gegebenheiten angepasst werden und sollen natürlich möglichst schnell greifen.

Eine Möglichkeit, damit Anton sich nachts wieder sicherer fühlen würde, wäre, den Katzen zu erlauben, im Schlafzimmer zu schlafen. Aber leider kann man nicht davon ausgehen, dass Anton sofort auf das Markieren verzichten würde, wenn die Wohnsituation mehr an seine Bedürfnisse angepasst würde. Im Gegenteil, die Wahrscheinlichkeit, dass er noch eine ganze Zeit weitermarkiert, ist groß. Außerdem haben sich die Halter schon lange daran gewöhnt, beim Schlafen nicht von den Katzen gestört zu werden. Das gilt ganz besonders für die Halterin, für die so kurz vor der Geburt ihres Babys der Schlaf sowieso nicht mehr ganz einfach sein dürfte. Diese Vorgehensweise kommt also nicht infrage.

Eine andere Möglichkeit wäre, Anton nachts wieder Zugang zum Bad zu gestatten, damit er sich bei Bedarf wenigstens dorthin zurückziehen könnte. Der Einbau einer Trennungstür in der Diele würde verhindern, dass die Katzen nachts vor der Schlafzimmertür miauen. Durch die Form der Diele wäre das ohne allzu großen Aufwand auch durchaus möglich.

Zusätzlich sollte Anton ab sofort ein angstlösendes Medikament bekommen. Allerdings setzt bei solchen Medikamenten die Wirkung erst nach frühestens zwei Wochen ein. Außerdem kann es sein, dass verschiedene Präparate ausprobiert werden müssen, bis man das gefunden hat, das für Anton am besten geeignet ist.

Die Deckel von den Katzentoiletten sollten entfernt werden, und ein zusätzliches Katzenklo ohne Deckel im Wohnzimmer wäre sinnvoll. Das ist artgerechter, verbessert die Lebensqualität der Katzen und macht außerdem das abendliche Umstellen der Dielentoilette überflüssig. Zusätzlich könnte der Geruch, der beim normalen Urinabsatz frei wird, das »Heimgefühl« von Anton verstärken und bewirken, dass er weniger markieren muss.

Pheromondiffuser im Flur und im Wohnzimmer können dafür sorgen, dass Anton sich wohler fühlt.

Obwohl das eine Erfolg versprechende Vorgehensweise gewesen wäre, wurde in diesem Fall letztendlich ein ganz anderer Weg eingeschlagen. Die oben schon erwähnten Maßnahmen wurden dabei aber ebenfalls eingesetzt.

1. Anton wurde sofort ein angstlösendes Medikament verordnet.
2. Die Deckel der Katzentoiletten wurden entfernt und es wurde ein zusätzliches Katzenklo ohne Deckel im Wohnzimmer unter dem Fenster aufgestellt.
3. Im Flur und im Wohnzimmer wurden Pheromondiffuser angebracht.
4. Weiter wurde nichts geändert. Das Leben wurde zunächst so weitergeführt wie bisher.

Man muss davon ausgehen, dass es zwei bis vier Wochen dauert, bis das Medikament wirkt. Sobald die Wirkung einsetzt, wäre Anton insgesamt weniger schreckhaft und gegenüber Menschen aufgeschlossener und zutraulicher. Zeitgleich damit kann das Markierverhalten zurückgehen oder sogar ganz aufhören. Sobald das der Fall ist, sollen die Katzen zu den Schwiegereltern umsiedeln. Voraussichtlich ist das ungefähr vier Wochen vor der Geburt des Babys der Fall. Damit ergibt sich ein Zeitplan, der vor allem für die Halterin den Stress vermindert, weil sich klare Zukunftsperspektiven ergeben.

Bis dahin wird im Haus der Schwiegereltern ein Zimmer (das Arbeitszimmer) katzengerecht vorbereitet. Dazu werden geeignete Lagerplätze, ein Futterplatz und ein Platz für den Wassernapf eingerichtet. Es wird ein Kratzbaum hineingestellt und mindestens drei Katzentoiletten ohne Deckel. Die Katzentoiletten werden strategisch günstig platziert, u. a. neben der Tür und unter dem Fenster des Arbeitszimmers – also in Bereichen, die sozusagen die engste Verbindung zur »Außenwelt« haben. Das verstärkt an diesen Stellen einen »heimischen« Geruch schon durch das normale Ausscheidungsverhalten. Außerdem wird ein Pheromondiffuser angebracht.

Die Katzen sollen bei den Schwiegereltern zunächst *ausschließlich* im Arbeitszimmer leben. Erst wenn Anton mehrere Wochen kein Markierverhalten zeigt, dürfen die Katzen auch in den Flur und das Wohnzimmer. Sicherheitshalber wird auch im Wohnzimmer erst einmal eine Katzentoilette unter einem Fenster aufgestellt und Pheromondiffuser angebracht. Sofern die Schwiegereltern das möchten, kann den Katzen nach und nach Zugang zur ganzen Wohnung gestattet werden. Dabei sollte man jedoch mit Fingerspitzengefühl vorgehen, sodass Anton genug Zeit hat, sich mit jeder Änderung anzufreunden.

Eine Rückkehr zu den Haltern soll erst erfolgen, wenn das Leben mit dem Baby zur Routine geworden ist und die Mutter sich von der Geburt erholt hat, also frühestens nach ungefähr einem halben Jahr. Weil man das Risiko, dass Anton empfindlich auf Änderungen reagiert und rückfällig wird, nie ausschließen kann, wird er das Medikament voraussichtlich auf Dauer erhalten.

Normale Haltung beim Kotabsatz: der Rücken ist hoch gekrümmt und das Hinterteil erhoben.

Beim Urinieren wird der Rücken deutlich weniger stark gekrümmt und ist im unteren Bereich eher gerade. Das Hinterteil wird nicht so weit angehoben.

Zum Zuscharren braucht es etwas Platz.

Markieren beim Freilauf

Urinmarken am Gartenzaun

Auch in der Wohnung wird Urin punktgenau angebracht.

Gut eingestreute Katzentoilette mit hohem Rand

Konventionelle Katzentoilette im Keller

Eine gut eingestreute Katzentoilette mit hohem Rand. Deutliche Spuren von Kratzmarkieren an der Wand – aber das ist immer noch besser als Urinmarkieren. Ein Feliwaydiffuser in dieser Steckdose könnte hier evtl. Abhilfe schaffen.

Verhältnismäßig große und gut eingestreute Katzentoiletten. Durch den Rand bleibt die Streu beim Zuscharren besser drin - allerdings steht so der Katze je nach Rand deutlich weniger Raum zur Verfügung.

FluffMcFly ist ein eher kleiner Maine Coon Kater. Er passt gerade so in die Toilette hinein (Bilder oben links). Sorgfältig wird alles zugescharrt und überprüft (Bilder links). Abschlusskontrolle: alles bestens (Bilder oben). Aber direkt unter dem Siphon ist es ein bisschen eng.

Alex, ein großer Norweger, sucht in der Toilette die am besten geeignete Stelle.

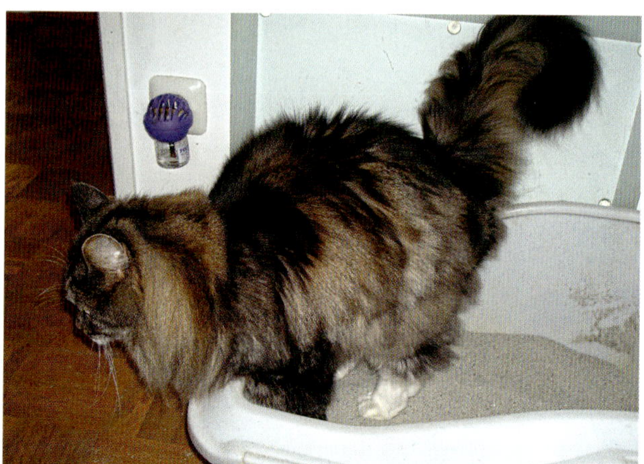

Direkt anschließend hebt Alex sein Hinterteil an und markiert mit aufgerichtetem und zitterndem Schwanz.

Danach überprüft er alles …

… und scharrt es dann ordentlich zu. An der Wand ist eine Glasscheibe angebracht – falls etwas daneben geht – und außerdem steckt in der Steckdose ein Pheromondiffuser.

Der Maine Coon Kater Checker überprüft die Toilette.

Seine Schwanzhaltung beim Urinieren ist außergewöhnlich – seitlich und tief, innerhalb der Toilette.

Alles ist ordentlich bedeckt.

Er ist ganz auf den Urinabsatz konzentriert – das zeigt dieser spezielle Augenausdruck.

Checker scharrt seine Pfütze zu.

Abschließende Kontrolle

Auf dem Weg zur Toilette

Sie wird überprüft …

… und obwohl sie schon sehr verschmutzt ist, wagt sich die Katze hinein.

Weil sie sich aber so weit wie möglich am Rand positioniert, geht's leider daneben.

Die Ausscheidung erfolgt brav in der Katzentoilette …

… aber gescharrt wird oben am Rand – nicht genug Streu?

Die Toilette wird überprüft …

… und brav benutzt.

Beim Abgang balanciert er geschickt auf dem Rand.

Gut eingestreute Toilette mit hohen Rand. Sie ist auch für eine junge Katze leicht zu benutzen.

Ein Katzenkind in einer gut eingestreuten Toilette. Auffallend: der besondere, konzentrierte Augenausdruck, den Katzen beim Ausscheidungsverhalten zeigen.

Normale Körperhaltung beim Urinieren: der Rücken ist im unteren Bereich eher flacher. Die Toiletten stehen sehr dicht nebeneinander.

In diesem Mehrkatzenhaushalt stehen im WC mehrere Toiletten dicht nebeneinander. Der Siphon schränkt die Bewegungsfreiheit ein. Eine Lücke zwischen zwei Toiletten gestattet der Katze, ihre Vorderpfoten außerhalb der Toilette positionieren.

Hier wäre wahrscheinlich eine größere Toilette die bessere Lösung.

So geht's auch: manche Katzen gehen von selbst auf die Toilette – meist zum Urinieren.

Beide Kätzchen zeigen den für Ausscheidungsverhalten typischen Augenausdruck. Sauberkeit und die Menge der Einstreu in den Toiletten ist eindeutig unzureichend.

McFly kommt gut mit einer Toilette mit Deckel zurecht, obwohl er eigentlich zu groß dafür ist. Er hat schon von Anfang an bei seiner Züchterin nur Katzentoiletten mit Deckel kennengelernt.

Bevor McFly die Toilette verlässt, führt er eine abschließende Geruchskontrolle durch.

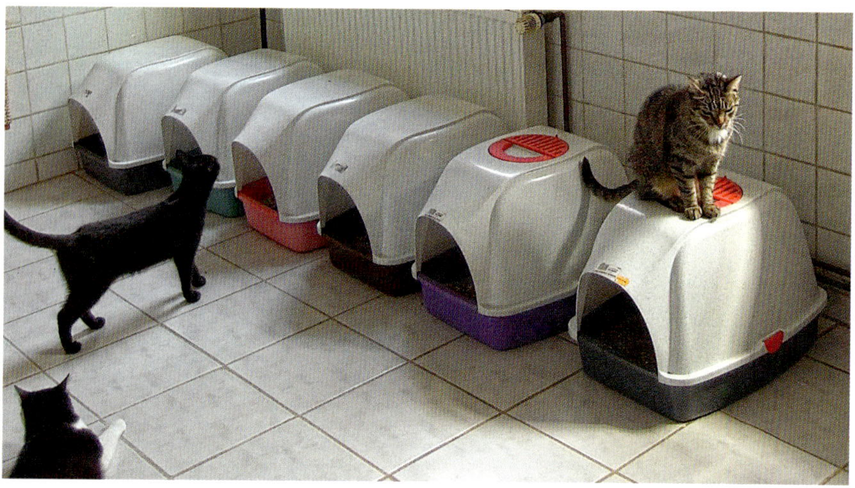

Diese Toilettenaufstellung für einen Mehrkatzenhaushalt erscheint Menschen sauber, ordentlich und attraktiv. Für Katzen sind geschlossene Toiletten nicht artgerecht. Außerdem: der Sitzplatz oben auf einer Toilette ist strategisch gut geeignet, um anderen Katzen den Zugang zur Toilette – in diesem Fall sogar zu allen Toiletten – zu verwehren.

Der Futterplatz direkt neben der Toilette ist eine Zumutung – aber Katzen ertragen ungünstige Bedingungen oft erstaunlich lange.

Zuscharren ist bei Zeitungspapier nicht wirklich möglich – aber viele Katzen akzeptieren notgedrungen auch eigentlich ungeeignete Substrate. Die Frage ist, wie lange das gut geht.

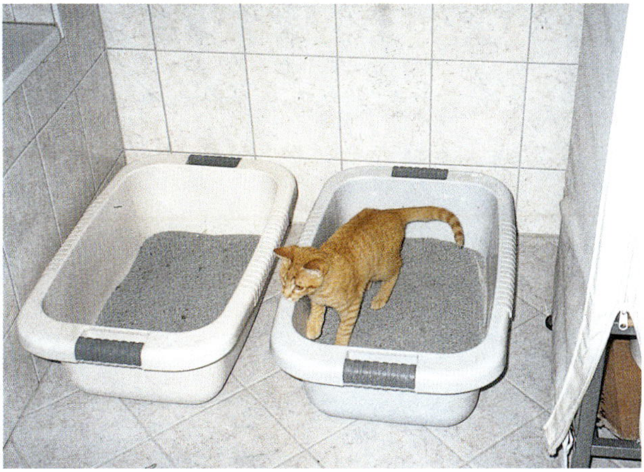

Noch ein bisschen mehr Streu und ein etwas größerer Abstand zwischen den beiden Toiletten – dann wäre das für eine Katze optimal.

Drei ein bisschen voneinander entfernte Toiletten – für zwei Katzen eine gute Toilettensituation.

Eine leicht zugängliche und gut eingestreute Katzentoilette. Sie ist groß genug, dass die Katze eine bequeme Haltung einnehmen und anschließend ohne Probleme zuscharren kann.

Tiefe und gut eingestreute Toiletten bei einem größeren Katzenbestand. Allerdings wäre ein bisschen Abstand zwischen den Toiletten besser – und Zuscharren ist für eine ausgewachsene Katze nur mit ziemlichen Verrenkungen durchführbar.

Eine große Pfütze Urin spricht für Unsauberkeit und gegen Markierverhalten.

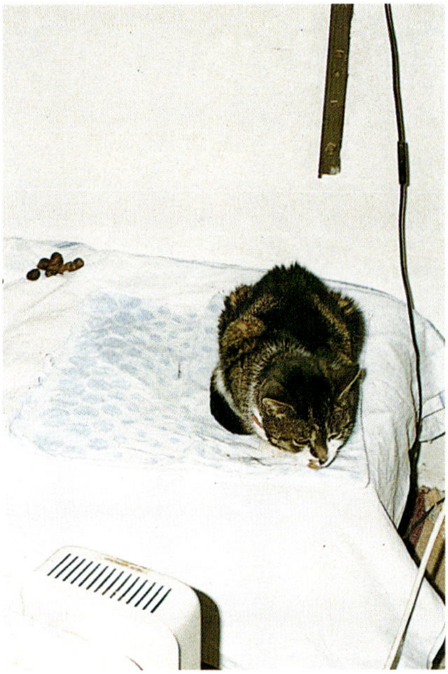

Kotabsatz außerhalb der Toilette: Unsauberkeit oder Markierverhalten? Oder traut sich diese Katze aus irgendwelchen Gründen einfach nicht vom Bett? Zum Beispiel, weil sie dabei Schmerzen hätte?

Auch hier sind verschiedene Ursachen möglich: das Katzenklo ist nicht sauber genug, eine schmerzhafte Erfahrung beim Kotabsatz in der Toilette, Vorliebe für eine Stoffunterlage oder Markieren.

Markieren im Freilauf. Dieses Signal gilt jemand ganz Bestimmtem – das zeigt der auffallende Blick.

Auch hier ist das deutlich zu sehen – die Reaktion: Putzverhalten.

Ergebnis

Die Schwiegereltern hatten die Katzen trotz der Verhaltensproblematik schon früher immer wieder gern aufgenommen. Es war für alle Beteiligten ein außergewöhnlicher Glücksfall, dass sie jetzt dazu bereit waren, beide Katzen erst einmal aufzunehmen, um die junge Familie zu entlasten. Die Halterin war durch die Aussicht auf ein absehbares Ende der quälenden Situation so erleichtert, dass sie auch die letzten Wochen mit Anton wieder gut ertragen konnte.

Anton reagierte schon auf das erste Medikament gut und war nach ungefähr zwei Wochen merkbar weniger ängstlich. Beide Katzen nahmen alle Toiletten ohne Deckel gut an. Schon nach zehn Tagen wurden morgens keine frischen Urinspuren mehr im Wohnzimmer gefunden.

In dieser Zeit hatten sich die Schwiegereltern auf die Ankunft der Katzen vorbereitet. Die Stellen, die Anton zum Markieren benutzt hatte, waren noch einmal gründlichst gereinigt worden. Das Arbeitszimmer wurde für die Katzen hergerichtet und die Toiletten wurden strategisch verteilt. Die umfassende Vorbereitung war sinnvoll, weil Anton ja dort bei früheren Besuchen auch schon markiert hatte. Das sollte gleich von Anfang an möglichst vermieden werden.

Drei Wochen nach Beginn der Behandlung fand der Umzug statt. So blieb noch ausreichend Zeit, das Wohnzimmer der Halter vor der Ankunft des Babys professionell reinigen zu lassen.

Anton verkraftete den Umzug gut und markierte bei den Schwiegereltern von Anfang an nicht. Nach zwei Monaten wurde den Katzen nach und nach auch der Zugang zum Wohnzimmer, dem Flur, dem Bad und der Küche gestattet. Das Schlafzimmer blieb tabu. Da die Katzen schon lange Zeit nachts allein waren, akzeptierten sie das ohne nächtliches Randalieren vor der Schlafzimmertür.

Auch nach einem halben Jahr war das Verhalten von Anton tadellos. Der Mut, mit der Medikation aufzuhören, fehlte den Schwiegereltern aber. Sie wollen verständlicherweise kein Risiko eingehen.

Bei einer Nachfrage ein Jahr später lebten die Katzen immer noch bei den Schwiegereltern. Ein Rückumzug ist nicht vorgesehen. Ein Versuch, das Medikament abzusetzen, wird diskutiert, aber noch nicht wirklich ernsthaft geplant.

Kommentar

Dieser Fall zeigt, wie sehr besonders sensible Katzen unter Veränderungen leiden können und wie nachhaltig das sein kann. Wenn also größere Veränderungen absehbar bzw. geplant sind, z. B. ein Umzug oder Umbaumaßnahmen in der Wohnung, könnten vorbeugende Maßnahmen durchaus sinnvoll sein. Eine vorübergehende Einschränkung der Bewegungsfreiheit oder der Einsatz von Medikamenten kann Stress für Katze(n) und Halter vermindern, Umgewöhnungsphasen erleichtern und der Entwicklung von unerwünschtem Verhalten vorbeugen.

Wenn es schon zu Störungen gekommen ist, sollte man vor allem nicht die Nerven verlieren. Strafen sind erfahrungsgemäß besonders bei Katzen wenig hilfreich, sondern verschlimmern die Situation eher. Stattdessen sollten möglichst schnell geeignete Behandlungsmaßnahmen ergriffen werden und/oder fachlicher Rat eingeholt werden. Je früher durchdacht und gezielt eingegriffen wird, desto größer sind die Aussichten auf Erfolg.

Fall 3: Kimi

Problem: Seit ungefähr einem Jahr pinkelt Kimi im Wohnzimmer von der Lehne des Ledersofas auf die Sitzfläche.

Vorbericht

Kimi ist ein ungefähr neun Jahre alter roter Kater. Sein Frauchen, eine berufstätige Frau Mitte vierzig, hat ihn im Alter von etwa 6 ½ Wochen aus dem Tierheim geholt. Die beiden leben in einer 80 m^2 großen Wohnung, die einen Balkon hat. Durch eine Katzentür kann Kimi auf den Balkon, wann immer er will. Er geht jedoch immer nur kurz hinaus. Über den ganzen Tag verteilt verbringt er dort ungefähr eine halbe Stunde.

Kimi darf sich in der ganzen Wohnung frei bewegen. Er mag es nicht, wenn Türen geschlossen sind, und protestiert dann lautstark. Die Halterin hat das so akzeptiert und lässt alle Türen immer offen. Kimi schläft gern im Bett der Halterin, in seinem Körbchen auf dem Schrank oder auf den Korbsesseln, mit denen die Wohnung möbliert ist. Als weitere Ruheplätze dienen ihm verschiedene Plätze im Bücherregal sowie die Fensterbretter. Seinen riesigen Kletterbaum benutzt Kimi zum Herumklettern und Verstecken, aber leider überhaupt nicht zum Krallenschärfen. Das führt er an den Korbmöbeln aus, die dann bei Bedarf ersetzt werden, und leider auch an den Tapeten.

Es gibt keine weiteren Haustiere. Vor einigen Jahren hat die Halterin versucht, Kimi eine Freude zu machen, und einen kleinen jüngeren Kater ins Haus geholt. Aber Kimi war wenig begeistert und die beiden Kater vertrugen sich überhaupt nicht. Als es damals auch nach einer Woche überhaupt keine Anzeichen für eine Besserung gab, wurde der Neue wieder zurückgegeben.

Für Kimi stehen Wasser und Trockenfutter immer zur Verfügung, und er kann sich bedienen, wann immer er will. Zusätzlich gibt es als besondere Leckerbissen immer ein paar Häppchen Schinken, wenn sein Frauchen von der Arbeit kommt.

Die Halterin beschreibt Kimi als anhänglich und liebebedürftig, die Beziehung mit ihm empfindet sie als innig und liebevoll. Sozialkontakte gehen von beiden Seiten aus. Kimi lässt sich gern kraulen, hat aber meist schnell genug und zieht sich dann wieder auf einen seiner Ruheplätze zurück.

Seine Halterin findet Kimi auffallend antriebsarm. Er hat zwar alle Arten von Spielzeug zur Verfügung, u. a. Bälle, kleine Plüschtiere und Fellmäuschen, spielt aber von sich aus nicht. Nur wenn die Halterin ihn dazu animiert, macht er kurz mit, bricht jedoch das Spiel schnell wieder ab. Am besten reagiert er auf die Fellmäuschen. Auch die erwachsene Tochter der Halterin, mit der Kimi von klein an vertraut ist, kann ihn damit manchmal zum Spielen bewegen. Sie lebt jedoch sehr weit entfernt und kommt nur ein oder zwei Mal im Jahr zu Besuch.

Auf unbekannten Besuch reagiert Kimi mit vorsichtiger Neugier und hält Abstand. Wenn fremde Menschen mit ihm Kontakt aufnehmen wollen, flüchtet er und versteckt sich.

Kimi hat drei Katzentoiletten. Eine mit Deckel steht in der großen Küche. Zwei weitere Toiletten ohne Deckel stehen auf dem Sofa, an jedem Ende der Sitzfläche eine. Zwischen ihnen ist ein Sitzplatz freigelassen. Um das Sofa zu schützen und vor der völligen Zerstörung zu bewahren, ist es ganz mit Wachstuch abgedeckt. Seit ungefähr einem Jahr lebt die Halterin damit. Beim Fernsehen sitzt sie daher auf dem Sofa zwischen zwei Katzentoiletten.

Die Halterin benutzt Klumpstreu unterschiedlicher Marken. Wenn sie zu Hause ist, entfernt sie Urin und Kot jedes Mal sofort, wenn Kimi eine Toilette benutzt hat. Bei Bedarf wird frische Streu nachgefüllt. Auswaschen mit Seifenwasser erfolgt nur in längeren Abständen, ein kompletter Wechsel der Streu ungefähr dreimal im Jahr.

Kimi wurde im Alter von sechs Monaten routinemäßig kastriert und wird einmal jährlich geimpft. Bis er acht Jahre alt war, hatte er nie irgendwelche Beschwerden. Dann erkrankte er an einer Blasenentzündung. Es hatten sich Kristalle im Urin gebildet, sogenannter Blasengries. Die Blasenentzündung war erst nach insgesamt drei Monaten ausgeheilt, weil es immer wieder zu Rückfällen kam. Seither bekommt Kimi Spezialfutter, damit sich keine Kristalle mehr bilden, und der Urin wird regelmäßig auf Kristalle kontrolliert.

Das Verhaltensproblem begann gleichzeitig mit der Erkrankung. Kimi benutzte seine Katzentoilette nur noch für die Häufchen und urinierte ausschließlich auf das schwarze Ledersofa im Wohnzimmer, und zwar von der Lehne hinab auf die Sitzfläche. Dabei läuft Urin zum Teil direkt an der Rückenlehne hinab. Da Urin außerdem aus verhältnismäßig großer Höhe direkt auf die Sitzfläche hinabfällt, entstehen nicht nur große Pfützen, sondern zusätzlich noch Spritzspuren an der Rückenlehne.

Kimi sitzt dabei in Hockstellung auf der Rückenlehne, üblicherweise mit dem Hinterteil zur Sitzfläche, hält seinen Schwanz waagrecht ausgestreckt und setzt größere Mengen von Urin ab. Die Körperhaltung entspricht also der bei der normalen Ausscheidung üblichen Körperhaltung.

Anfangs reinigte die Halterin das Sofa einfach immer wieder. Inzwischen lebt sie mit der schon beschriebenen Lösungsstrategie: Das ganze Sofa ist mit Wachstuch abgedeckt und an jedem Ende steht eine Katzentoilette auf der Sitzfläche.

Auf diese Weise können Urinspuren auf der Sitzfläche und der Rückenlehne verhältnismäßig leicht entfernt werden. Wenn der Urin direkt in den Toiletten landet, werden diese einfach wie üblich gereinigt.

Bevor Kimi die Blasenentzündung hatte, gab es nur die Toilette in der Küche, und Kimi benutzte sie für Kot- und Urinabsatz zuverlässig. Seit es die drei Toiletten gibt, wird in der Toilette in der Küche nur noch Kot abgesetzt.

Kimi wurde für sein Verhalten nie geschimpft oder bestraft. Er führt es auch häufig in Anwesenheit der Halterin aus, selbst wenn sie auf dem Sofa zwischen den beiden Toiletten sitzt. Dabei schaut er sein Frauchen sogar demonstrativ an.

Im Lauf der Zeit hat sich das Verhalten in gewisser Weise positiv verändert. Kimi uriniert mittlerweile nur noch zwei bis drei Mal in der Woche direkt auf das Sofa und ansonsten gezielt in die auf der Sitzfläche stehenden Toiletten.

Die Konsultation findet statt, weil sich die Halterin in ihrer Lebensqualität zunehmend beeinträchtigt fühlt. Obwohl sich das Verhalten im Lauf der Zeit im Vergleich zu früher gebessert hat, wird es für sie immer unerträglicher. Außerdem macht sie sich ernsthafte Sorgen über Kimis auffallende Antriebslosigkeit.

Beim **Hausbesuch** verhält sich Kimi wie erwartet: Zurückhaltend beobachtet er aus sicherer Entfernung die fremde Besucherin. Er ist eindeutig viel zu gut genährt. Eine tierärztliche Untersuchung ist in jedem Fall angebracht, um sicherzustellen, dass keine Stoffwechselstörung vorliegt. Dadurch kann geklärt werden, ob das Übergewicht die Ursache für seine Antriebslosigkeit oder eine Folge davon ist.

Die Wohnung hat eine große Küche, von der der überdachte Balkon abgeht. Leider befindet sich auf dem Balkon aber nichts, was für eine Katze den Aufenthalt attraktiv machen würde, z. B. ein bequemer Sitzplatz, um die Umgebung zu beobachten. Es ist verständlich, dass Kimi immer nur kurz auf den Balkon geht und sich dort nie länger aufhält.

Die Wohnung ist geräumig und bietet Kimi durch die Bücherregale auch Platz in der dritten Dimension. Er hat verhältnismäßig viele Beobachtungsposten, wo er von oben alle Vorgänge in der Wohnung gut im Auge behalten kann. Der Kratzbaum steht in einer Ecke des Wohnzimmers, das Ledersofa in der Mitte, frei im Raum. Bis auf Kimis Spielsachen, die auf dem Fußboden herumliegen, ist die Wohnung sehr gut aufgeräumt.

Es gibt an verschiedenen Stellen in der Wohnung kleine Futternäpfe, aber der gut gefüllte Hauptnapf steht zusammen mit dem Wassernapf in der großen Küche in der Nähe der Katzentoilette. Diese befindet sich ganz unauffällig in einer geschützten Ecke. Kot wird immer in dieser Toilette abgesetzt. Es ist verständlich, dass die Halterin hier eine Toilette mit Deckel verwendet: Dadurch bleibt die Küche ziemlich gut vor Streu und Gerüchen geschützt. Allerdings schränkt der Deckel Kimis Bewegungsfreiheit in der Toilette ein. Er kann sich aufgrund seiner Körperfülle nur mühsam darin umdrehen, und es gibt innerhalb der Toilette keine Position, in der Kimi den Schwanz gerade ausstrecken könnte.

Die Toiletten auf dem Sofa sind verhältnismäßig groß. Sie stehen dicht an der Rückenlehne und decken die Sitzfläche gut ab. Der Sitzplatz in der Mitte ist schmal, gerade ausreichend für die schlanke Halterin. Alle drei Toiletten sind für menschliche Augen und die menschliche Nase in einem ordentlichen Zustand. Dennoch muss man davon ausgehen, dass alte Streu, die nur dreimal im Jahr komplett ausgetauscht wird, für die empfindliche Nase einer Katze ganz eindeutig nach alten Ausscheidungen riecht.

Es stellt sich heraus, dass Kimi nicht immer nur das Sofa zum Urinieren benutzt hat. Bevor die Blasenentzündung diagnostiziert wurde, gab es ein paarmal Urinspuren an anderen Stellen in der Wohnung, u. a. in der Duschwanne. Damals hatte die Halterin dann auf dem weißen Untergrund der Dusche das Blut im Urin deutlich gesehen und wurde so auf die Blasenentzündung aufmerksam.

Wenn Kimi in Anwesenheit der Halterin von der Sofalehne uriniert, entgeht ihr das natürlich nicht und sie reagiert sofort. Sobald

Kimi fertig ist, wird der Urin schnellstens vom Sofa abgewischt. Was in einer der Toiletten gelandet ist und einen Klumpen gebildet hat, wird selbstverständlich sogleich entfernt. Kimi wird zwar nicht geschimpft, aber sein Verhalten wird regelmäßig kommentiert: Die Halterin erklärt Kimi immer wieder, wie unschön sie das Ganze findet.

Außerdem nutzt sie eine solche Situation, wenn sie wieder einmal Urin für eine Urinuntersuchung braucht. Dann legt sie sich einen Schöpflöffel bereit, und wenn Kimi von der Lehne uriniert, kann sie leicht ausreichend frischen Urin auffangen.

Diagnose

Bei der tierärztlichen Untersuchung zeigt sich, dass Kimis Leber vergrößert und auch einige Laborwerte verändert sind. Um ihn vor ernsthaften Folgen seines Übergewichts zu bewahren, ist eine Änderung seiner Ernährung und seines Lebensstils dringend erforderlich.

Aus Kimis Körperhaltung beim Urinabsatz geht eindeutig hervor, dass es sich um Ausscheidungs- und nicht um Markierverhalten handelt. Das Verhaltensproblem begann im gleichen Zeitraum, in dem Kimi an der Blasenentzündung litt. Dabei kommt es, vor allem im akuten Zustand, beim Urinieren zu starkem Brennen. Das ist besonders schmerzhaft, wenn sich im Urin scharfkantige Kristalle gebildet haben und dadurch die Schleimhaut in Blase und Harnleiter verletzt wird.

Kimi hat aus diesem Grund versucht, einen Platz zu finden, wo er keine Schmerzen beim Urinabsatz hatte. Die Wahl des Sofas ist außergewöhnlich. Über die Gründe dafür kann man nur spekulieren. Möglicherweise waren mehrere vorhergehende Versuche an anderen Stellen in der Wohnung auf dem Fußboden ebenfalls schmerzhaft, also sozusagen erfolglos. Ein erster Versuch auf einer anderen Ebene, nämlich auf der Sofalehne, kann dann zufällig zu einem Zeitpunkt stattgefunden haben, als Kimi gerade schmerzfrei war. Die angenehme Erfahrung, Urin ohne Schmerzen abzusetzen, hatte natürlich Folgen: Kimi wiederholte sein Verhalten; anscheinend wieder mit Erfolg, sodass er bei diesem Verhalten blieb. Die angenehme Erfahrung, Urin ohne Schmerzen abzusetzen, hatte zur Folge, dass Kimi sein Verhalten wiederholte. Die wiederholte Erfahrung, ohne Schmerzen zu urinieren, veranlasste ihn dazu, sein Verhalten auch weiterhin beizubehalten. Außerdem hatte er aber ganz zufällig einen Platz zum Urinieren gefunden, der noch viele andere Vorteile hatte:

› Er musste nicht mehr in eine »Höhle« gehen, in der sich der ganze Geruch der alten Streu befand.
› Er hatte beim Urinieren einen guten Überblick über die Umgebung.
› Er konnte sich viel bequemer hinsetzen und hatte ausreichend Platz, den Schwanz gerade hinter sich ausgestreckt zu halten.
› Die Stelle, wo er hingepinkelt hatte, wurde immer so schnell wie möglich gereinigt. Seine »Toilette«, das Sofa, war daher immer supersauber.
› Er musste nie in schon benutzte Bereiche, wo sich schon alte Urinspuren befanden, hineintreten: Die Lehne war immer sauber und trocken.

Auch als die Halterin dann Katzentoiletten auf die Sitzfläche stellte, bestanden diese Vorteile weiter. Kimi musste nie in die Toiletten hineintreten, sondern pinkelte sozusagen aus sicherer Entfernung hinein – verhältnismäßig weit entfernt von irgendwelchen alten Urinspuren und alter Streu. Verklumpte nasse Streu entfernte die Halterin selbstverständlich jedes Mal sofort, wenn sie sie bemerkte. Das geschah sicherlich meist früher, als es bei der Katzentoilette in der Küche üblich gewesen war.

Das alles war für Kimi ganz offensichtlich viel komfortabler. Es war daher überhaupt nicht erstaunlich, dass er das Sofa und die daraufstehenden Toiletten der Katzentoilette in der Küche vorzog.

Besonders auffallend war außerdem, dass Kimi sein Frauchen beim Urinieren von der Sofalehne demonstrativ anschaute – schamlos, sagte die Halterin dazu. Kimi hatte aber ganz offensichtlich den Eindruck, dass sein Verhalten richtig und für sie wichtig war.

Dafür hatte er genau genommen auch gute Gründe. Jedes Mal, wenn er das Verhalten in ihrer Anwesenheit ausführte, reagierte sie mit Zuwendung und Aufmerksamkeit:

› Natürlich schaute sie hin, wenn er auf die Lehne sprang.
› Sie befasste sich sofort damit, den Urin möglichst schnell zu entfernen.
› Kimi wurde nicht ausgeschimpft, aber sie sprach mit ihm und erklärte ihm bekümmert, wie unschön sie sein Verhalten fand. Für Kimi war aber nur ausschlaggebend, dass sie mit ihm sprach – nicht, was sie sagte. Kimi hatte also immer ihre volle Aufmerksamkeit und Zuwendung, während er urinierte.
› Manchmal war es sogar nützlich, dass er auf diese Weise Urin absetzte: Dadurch war es für sie ganz einfach, Urin für eine Urinuntersuchung zu gewinnen. Für Kimi bedeutete auch das Aufmerksamkeit und Zuwendung.

Bei genauer Betrachtung ist also gut nachvollziehbar, wie und warum sich bei Kimi dieses Verhalten ursprünglich entwickelt hat. Die Ursache dafür war die schwere Blasenentzündung. Im weiteren Verlauf wurde das Verhalten durch die Halterin unbewusst und unbeabsichtigt durch Zuwendung und Aufmerksamkeit aufrechterhalten und verstärkt.

Bei Kimi handelt es sich also um unerwünschtes Ausscheidungsverhalten in Verbindung mit aufmerksamkeitserregendem Verhalten.

Prognose Ausscheidungsverhalten: Kimi zeigt das Verhalten schon sehr lange und hat dadurch seine eigene Lebensqualität deutlich verbessert. Beides erschwert eine Umerziehung. Die aufmerksamkeitserregende Komponente, die sich aufgrund der Verhaltensweisen der Halterin entwickelt hat, macht die Situation zusätzlich kompliziert. Das schränkt die Aussichten auf eine rasche und völlige Änderung von Kimis Ausscheidungsverhalten stark ein.

Prognose Lebensstil: Um Kimis Übergewicht und die z. T. daraus resultierende Inaktivität zu beeinflussen, muss einerseits die Fütterung verändert werden. Er muss aber außerdem mehr Anreize zur Bewegung erhalten. Dazu müssen beide, die Halterin und Kimi, lernen, in Zukunft dauerhaft anders miteinander umzugehen. Auch das ist ein langwieriger Prozess.

Die Prognose ist aber insgesamt betrachtet ganz gut, da der Leidensdruck der Halterin erheblich ist. Das macht den erforderlichen Einsatz und Zeitaufwand von ihrer Seite und damit einen Erfolg wahrscheinlich: Dieser beruht vor allem darauf, wie konsequent die Halterin die einzelnen Behandlungsmaßnahmen umsetzen wird.

Behandlungsmaßnahmen

Letztendlich ist Kimi eigentlich nicht wirklich unsauber – er bevorzugt nur eine ganz spezielle Toilette: das Ledersofa. Um das zu ändern, muss daran gearbeitet werden, dass er andere Stellen als Toilette attraktiver findet als das Ledersofa. Das ist in diesem Fall besonders schwer, weil Kimis Verhalten durch zwei Komponenten aufrechterhalten wird: Einerseits kann er auf diese Weise so angenehm wie möglich seinen Urin absetzen. Andererseits erhält er für diese Handlung zuverlässig die uneingeschränkte Aufmerksamkeit und Zuwendung seiner Halterin. Unglücklicherweise ist das meiste, was seine Halterin tut, durchaus sinnvoll. So muss z. B. der Urin immer so schnell wie möglich weggewischt werden. Sie kann bzw. sie darf damit keinesfalls einfach aufhören.

Für die Halterin besteht das Hauptziel der Behandlung darin, dass Kimi das Sofa nicht mehr als Katzentoilette benutzt. Dazu muss er einerseits Toiletten zur Verfügung haben, die für ihn ebenso attraktiv sind wie das Sofa, und andererseits muss die Halterin lernen, Kimis Verhalten gezielt zu lenken und zu beeinflussen. Das wiederum kann sie nur dann, wenn die Beziehung zwischen Halterin und Kater umstrukturiert wird.

Die Behandlungsmaßnahmen greifen daher in alle Bereiche des Zusammenlebens ein und werden den gesamten Lebensstil in gewisser Weise verändern. Letztendlich werden dadurch zwangsläufig sowohl Kimis Antriebslosigkeit als auch seine Inaktivität beeinflusst werden. Für seine Gesundheit ist das natürlich positiv.

Vorgehensweise

Kimi ist ein sensibler und eher ängstlicher Kater. Um ihn nicht zu überfordern, werden die einzelnen Veränderungen nicht auf einmal durchgeführt, sondern stufenweise nach und nach eingeführt.

1. Kimi werden weitere sehr attraktive Toiletten angeboten.
2. Die Beziehung wird umstrukturiert: Kimi und sein Frauchen lernen andere Möglichkeiten für aktive Interaktionen.
3. In der Wohnung werden mehr Möglichkeiten geschaffen, um Kimi zu aktiverem Verhalten anzuregen.
4. Das Futterregime wird verändert.
5. Erst als letzte Maßnahme wird das Sofa in winzigen Schritten unattraktiver gemacht.

Schritt 1: Als Erstes wird eine optimale Toilettensituation geschaffen.

- Von der Toilette in der Küche wird der Deckel entfernt.
- Es kommt eine zweite Toilette in die Küche. Die Küche ist groß genug, um die beiden Toiletten mindestens einen halben Meter voneinander entfernt aufzustellen. Die Näpfe für Futter und Wasser, die immer in der Nähe der Toilette gestanden haben, werden umgestellt. Sie kommen auf die Anrichte in der Küche, auf die Kimi sowieso springen darf. Die anderen Futterplätze in der Wohnung werden noch beibehalten.
- Es wird eine Toilette auf den Balkon gestellt.
- Im Wohnzimmer werden zwei Toiletten so aufgestellt, dass die Halterin sie gut sehen kann, wenn sie auf dem Sofa sitzt.

Keine der Toiletten hat einen Deckel. Alle haben einen hohen Rand und sind so groß, dass Kimi sich darin bequem drehen und den Schwanz beim Urinieren gut ausstrecken kann. Die Streu ist in allen mindestens 5–10 cm tief und sollte möglichst feinkörnig, also sandartig sein. In jede der Toiletten kommt zu der frischen Streu eine Handvoll der alten Streu. Einmal wöchentlich werden die benutzten Toiletten gründlich ausgewaschen und die Streu komplett ausgetauscht.

Besonders gleich nachdem die neuen Toiletten aufgestellt sind, ist die Wahrscheinlichkeit groß, dass Kimi sie genauer inspiziert. Darauf sollte sich die Halterin einrichten und sich Zeit dafür nehmen, Kimi dabei zu begleiten. Wenn er sich in der Nähe einer Toilette aufhält, wenn er sie beschnüffelt, hineingeht oder sogar benutzt, sollte sie ihm zuschauen und freundlich mit ihm sprechen.

Das gilt auch für die Zukunft. Jedes Mal, wenn die Halterin zufällig in der Nähe ist und beobachtet, wie Kimi eine der gewünschten Toiletten benutzt, soll sie darauf mit Zuwendung reagieren, z. B.

ihm dabei zusehen und mit ihm reden. Deswegen stehen auch zwei Toiletten so, dass die Halterin sie beim Fernsehen gut im Blick hat. Dadurch kann sie gar nicht übersehen, wenn Kimi eine dieser Toiletten benutzen sollte.

Es kann Tage oder auch Wochen dauern, bis Kimi damit beginnt, die neuen oder eine der neuen Toiletten zu benutzen. Aber auch wenn er die eine oder andere nur selten oder auch gar nicht benutzt, bleiben alle bis auf Weiteres aufgestellt.

Die Sofasituation wird vorerst so beibehalten wie bisher. Wenn Kimi von der Sofalehne pinkelt, wird wie bisher der Urin aufgewischt und verklumpte Streu entfernt. Aber jede weitere Aufmerksamkeit und Zuwendung wird vermieden. Es wird für die Halterin sehr schwer werden, Kimi dabei weder anzusprechen noch anzusehen. Eine Möglichkeit wäre, jedes Mal sofort aufzustehen und den Raum zu verlassen, sobald Kimi sich zum Urinieren anschickt.

Schritt 2: Die Beziehung wird umstrukturiert.
Kimi hat nie wirklich gelernt, mit seiner Halterin aktiv etwas zu tun. Am Spielen hat er kaum Interesse, Schmusen mag er nur für kurze Momente. Außer dass er mit im Bett schläft, kennt Kimi eigentlich nur zwei für ihn wichtige Interaktionen mit seiner Halterin: Er hat ihre volle Zuwendung und Aufmerksamkeit dann, wenn er auf das Sofa pinkelt, und außerdem, wenn sie nach Hause kommt und er ein paar Häppchen Schinken bekommt.

Das schon bestehende abendliche Schinkenritual kann dabei helfen, die Beziehung umzustrukturieren. Kimi wird in kleinen Schritten nach und nach daran gewöhnt, dass er für den Schinken etwas tun muss. Die beiden folgenden Übungen dienen dazu, Kimis Bereitschaft, mit seiner Halterin zusammen etwas zu tun, zu verstärken. Sie bewirken außerdem, dass Kimi sich ein bisschen mehr bewegt, und das ist gut für ihn.

Übung 1 Kimi lernt, seiner Halterin hinterherzulaufen. Der Unterschied dazu, wenn Kimi von sich aus hinter ihr herläuft, besteht darin, dass er es jetzt tut, wenn sie das möchte – nicht weil er sowieso Lust dazu hat.

- › Das erste Stückchen Schinken beim Heimkommen wird wie immer aus der Hand gegeben.
- › Die Halterin geht einige Schritte weg, Kimi folgt, er bekommt das zweite Stückchen.
- › Das Ganze wird wiederholt, bis Kimi die übliche Anzahl von Häppchen bekommen hat.

Diese Übung wird zunehmend in der ganzen Wohnung durchgeführt. Die Entfernung, die Kimi für jeden Bissen zurücklegen muss, wird in kleinen Schritten gesteigert. Bei der Übung sollte die Halterin immer wieder mit Kimi reden.

Übung 2 Kimi lernt, seinem Schinkenhäppchen hinterherzurennen. Mit dieser Übung wird begonnen, sobald Kimi die erste Übung gut kann und gern mitmacht.

- › Der erste Bissen wird wie immer aus der Hand gegeben.
- › Der zweite Bissen wird geworfen. Dabei ist wichtig, dass Kimi nicht überfordert wird. Immerhin ist er schon neun Jahre alt und hat bisher noch nie so etwas gemacht. Der Bissen wird darum so geworfen, dass Kimi genau sieht, wo das Schinkenbröckchen landet. Am Anfang sollte er höchstens zwei oder drei Schritte weit gehen müssen, um es aufzuheben und zu fressen.
- › Das wiederholt man einige Male, und wenn es gut funktioniert, kann auch die Richtung geändert werden.
- › Ab jetzt wird die übliche Anzahl von Schinkenhäppchen immer öfter so verfüttert.

Nach einigen Tagen hat Kimi das Spiel verstanden hat und wird gern mitmachen. Dann kann in kleinen Schritten die Entfernung vergrößert werden, die Kimi bis zu seinem Häppchen laufen muss.

Schritt 3: Kimi soll aus gesundheitlichen Gründen abnehmen und sich wenn möglich auch mehr bewegen. Daher wird die Fütterung insgesamt umgestellt.

Leider ist ein anderes, kalorienreduziertes Futter für Kimi nicht geeignet. Er ist auf das Diätfutter angewiesen, damit sich im Urin keine Kristalle bilden. Aber Katzen sollte man auch nicht einfach hungern lassen. Das kann den Stoffwechsel sehr belasten und sogar gefährlich werden. Also muss man anders vorgehen und fängt damit ganz langsam an.

Da schon durch die vielen Katzentoiletten erhebliche räumliche Änderungen durchgeführt worden sind, wird die Futtersituation frühestens ungefähr eine Woche nach Beginn der Therapie in Angriff genommen.

Sobald sich Kimi daran gewöhnt hat, dass der Futternapf und der Wassernapf in der Küche auf der Anrichte stehen, werden alle anderen Futternäpfe in der Wohnung entfernt. Ab jetzt muss Kimi immer, wenn er Hunger hat, zum Fressen in die Küche gehen und auf die Anrichte springen.

Nach ein paar Tagen hat sich Kimi daran gewöhnt, dass es nur noch einen Futternapf gibt. Dann wird genau überprüft, wie viel Kimi an einem Tag frisst. Dazu wird der Napf am Abend gefüllt und die Menge, die in den Napf kommt, genau abgemessen. Nach 24 Stunden wird wieder abgemessen, wie viel davon fehlt.

Durch das Abmessen weiß die Halterin jetzt, wie viel Futter Kimi in 24 Stunden gefressen hat. In Zukunft wird der Napf jeden Abend frisch gefüllt. Es wird immer genau ein Teelöffel weniger in den Napf gefüllt, als Kimi bei dem Abmessungsversuch gefressen hat. Auf diese

Weise ist der Futternapf am Abend, wenn die Halterin von der Arbeit zurückkommt, wieder leer. Das bewirkt verschiedene Dinge:

- › Kimi bekommt nach und nach immer weniger Futter und wird zwangsläufig mit der Zeit abnehmen, ohne dabei wirklich hungern zu müssen.
- › Er wird am Abend, wenn die Halterin heimkommt, hungrig sein und sich für seine Schinkenhäppchen gern etwas anstrengen.
- › Es wird dadurch leichter, Kimi später beizubringen, für sein gesamtes Futter zu arbeiten, z. B. mit einem Fressspielzeug oder einem Krabbelbrett.

Schritt 4: Nach zwei bis vier Wochen hat Kimi sich an die bisher erfolgten Veränderungen gewöhnt und macht sein Schinkenspiel an allen möglichen Stellen der Wohnung gern. Dann können auf verhältnismäßig einfache Weise weitere Möglichkeiten geschaffen werden, die seine geistige Beweglichkeit und damit seine Aktivität fördern.

- › Der Kratzbaum im Wohnzimmer wird umgestellt. Er kommt aus der Zimmerecke heraus und so vor das Wohnzimmerfenster, dass Kimi von dort einen guten Ausblick hat und beobachten kann, was sich draußen abspielt. Auch diese Veränderung wird durch Schinkenspiele aktiv attraktiv gemacht.
- › Kimi hat viele Spielzeuge, interessiert sich aber nicht besonders für sie. Das ist nicht erstaunlich. Wie Menschen wird einer Katze etwas, das immer zur Verfügung steht, schnell langweilig. Also sollten nicht immer alle Spielsachen herumliegen. Es ist abwechslungsreicher, wenn Kimi immer nur zwei oder drei Sachen hat, die spätestens nach ein paar Tagen ausgetauscht werden. Sie können außerdem durch besondere Gerüche, z. B. Catnip oder Baldrian, zusätzlich attraktiv gemacht werden.

Auch Spielzeuge, die sich selbst ein bisschen bewegen, bieten Abwechslung. Etwas, das vom Kratzbaum baumelt oder von der Decke hängt, animiert zum Angeln und Fangen.

Außerdem bieten Fressspielzeuge eine gute Möglichkeit, um Katzen, die den ganzen Tag über allein sind, eine Möglichkeit zur Unterhaltung und Aktivität zu bieten. Allerdings sollte man besonders eine ängstliche Katze, damit sie damit wirklich Spaß hat, am Anfang sorgfältig mit dem neuen Spielzeug bekannt machen und es ihr nicht einfach vor die Nase setzen.

› Der Balkon wird für Kimi durch einen neuen Kratzbaum mit einer oder zwei schönen geschützten Liegeflächen attraktiver gemacht. Damit Kimi sich schnell für diese Änderung interessiert, wird das Schinkenspiel auch auf dem Balkon ausgeführt. Kimi lernt, dass die Nähe des Kratzbaums angenehm ist und dass es sich lohnt, hinaufzuklettern, auf den Liegeplätzen ein Häppchen Schinken zu fressen und die Umgebung im Auge zu behalten.

Schritt 5: Erst sobald Kimi die Toiletten im Wohnzimmer regelmäßig immer wieder benutzt, wird das Sofa weniger attraktiv gemacht. Das geschieht in kleinsten Schritten, um zu verhindern, dass Kimi frustriert wird und dann womöglich andere unerwünschte Stellen zum Urinieren sucht.

Um Kimi den Sprung auf die Rückenlehne des Sofas zu erschweren, werden darauf mit Doppelklebeband Kissen befestigt. So kann er sich dort auch nicht mehr bequem zum Urinieren hinsetzen.

Als Erstes geschieht das in der Mitte, im Bereich des Sitzplatzes der Halterin. Damit Kimi keine Schreckerlebnisse hat, wird das Kissen so angebracht, dass er schon vom Boden aus sehen kann, dass er bei einem Sprung dort nicht gut landen kann. Kimi gewöhnt sich so daran, dass sich auf der Sofalehne ein Hindernis befindet.

Dieses Hindernis sorgt nun dafür, dass Kimi an dieser Stelle nicht auf die Sofalehne springen kann. Auch seine Bewegungsfreiheit auf der Lehne ist dadurch eingeschränkt. Er kann nicht mehr wie früher irgendwo auf die Lehne springen und sich einen bequemen Platz suchen. Ab jetzt muss er sich dort zum Urinieren platzieren, wo er hochgesprungen ist. Diese Änderung macht das Ganze für ihn deutlich unbequemer und er wird daher häufiger eine der Toiletten im Wohnzimmer aufsuchen. Jedes Mal, wenn die Halterin das bemerkt, reagiert sie darauf und lobt ihn. So kann sie sein erwünschtes Verhalten verstärken.

Ungefähr zwei Wochen später wird auch auf der Seite, auf der Kimi das Katzenklo weniger oft benutzt hat, die Rückenlehne mit Kissen präpariert. So wird der größere Teil der Rückenlehne für Kimi unzugänglich. Ein kleiner Anteil ist zwar immer noch »verwendbar«, aber bei Weitem nicht mehr so bequem. Der Zugang zu den Toiletten im Wohnzimmer ist damit im Vergleich viel weniger aufwendig. Dadurch und durch die Zuwendung der Halterin, wenn er eine dieser Toiletten benutzt, werden sie immer attraktiver. Trotzdem bleiben vorerst noch beide Toiletten auf der Sitzfläche stehen.

Wenn dann zwei Wochen lang hintereinander überhaupt kein frischer Urin mehr in den Toiletten auf dem Sofa auftaucht, wird der letzte Rest der Rückenlehne mit Kissen verbaut, sodass Kimi überhaupt nicht mehr auf die Rückenlehne springen kann.

Da er die anderen Toiletten sowieso schon dauernd benutzt, wird ihn das voraussichtlich nicht mehr besonders stören.

Ergebnis

Änderungen, die dauerhafte Anstrengungen aufseiten der Halterin erforderten, betrafen nur das abendliche Schinkenritual, den Austausch der Spielzeuge und die Pflege der Toiletten. Alles andere waren einmalige Änderungen. Dadurch war der Aufwand für die Halterin insgesamt begrenzt und sie setzte alles der Reihe nach um. Dabei ließ sie sich die nötige Zeit. Diese Geduld war ein wichtiger Faktor, aber die Halterin fasste das gut in Worte: Sie hatte ein Jahr so gelebt – und wenn es einige Monate dauern sollte, das Verhalten zu ändern, so würde sie das leicht aushalten.

Kimi nahm das Küchenklo ohne Deckel gern an, und die zweite dort stehende Toilette wurde innerhalb der ersten Woche auch schon zum Urinieren benützt. Das allein reduzierte den Urin auf dem Sofa merkbar – über den Tag verteilt wird nur eine bestimmte Menge Urin produziert, und jeder Tropfen in der richtigen Toilette landete nicht auf dem Sofa. Innerhalb von vier Wochen wurden auch die Toiletten im Wohnzimmer ab und zu benutzt.

Aufgrund der »Schinkenspiele« lernte Kimi, sich zunehmend auf Aktivitäten mit der Halterin einzulassen, die auch immer länger ausgedehnt werden konnten. Dadurch und durch das geänderte Futterregime wurde Kimis Gewicht langsam reduziert.

Die Spielzeuge wurden immer wieder ausgetauscht und damit für Kimi interessanter. Wenn er sich mit einem Spielzeug befasste, reagierte die Halterin mit Aufmerksamkeit und Zuwendung. Das steigerte Kimis Aktivität.

Durch die räumlichen Veränderungen hatte Kimi mehr Ausblick nach draußen. Das ist besonders für eine Katze, die ausschließlich in der Wohnung lebt, wichtig. Die Sehfähigkeit kann mit der Zeit tatsächlich leiden, wenn es nie etwas in größerer Entfernung zu beobachten gibt. Alle diese Maßnahmen verbesserten Kimis Lebensqualität erheblich.

Fünf Wochen nach Beginn der Therapie hatte sich Kimi gut an die Neuerungen gewöhnt und benutzte auch die anderen Toiletten. Da erst begann die Halterin damit, nach und nach die Sofalehne mit Kissen zu verbauen.

Erst nachdem Kimi die Toiletten im Wohnzimmer mehrere Wochen zuverlässig benutzt hatte, entfernte sie die beiden Sofatoiletten. Das Wachstuch und die Kissen behielt sie noch einige Wochen länger bei. Schließlich entfernte sie nach und nach die Kissen. Aber erst als die Kissen einige Wochen weg waren und trotzdem nichts passiert war, entfernte sie auch das Wachstuch.

Urinkontrollen mussten weiterhin durchgeführt werden, um sicherzustellen, dass sich keine Kristalle im Urin bildeten. Dazu wurde dann eine der Toiletten im Wohnzimmer mit Spezialstreu ausgestattet und die Urinprobe daraus entnommen.

Kommentar

Das ursprüngliche Ziel der Halterin hatte darin bestanden, Kimis unerwünschtes Ausscheidungsverhalten zu ändern. Seine Antriebslosigkeit war ihr zwar aufgefallen, hatte aber ihre eigene Lebensqualität nicht wirklich beeinträchtigt. Erst der tierärztliche Befund lenkte die Aufmerksamkeit auch auf Kimis Übergewicht und die damit verbundenen Gesundheitsprobleme.

Einen großen Anteil an der Entwicklung und Aufrechterhaltung des unerwünschten Ausscheidungsverhaltens hatte die Zuwendung der Halterin. Sie führte dazu, dass Kimi das aufmerksamkeitserregenden Verhalten entwickelte.

Ärgerlicherweise waren einige der Reaktionen der Halterin, die das bewirkten, unumgänglich, z. B. das Reinigen der beschmutzten Stellen oder das Einfangen von Urin, wenn Urinproben erforderlich waren. Es war auch die richtige Entscheidung, Kimi nicht zu bestrafen. Strafen hätten vielleicht bewirkt, dass Kimi nicht mehr das Sofa benützt hätte, aber die Erfahrung zeigt, dass das leicht zu anderen Problemen führen kann. Der einzige wirklich vermeidbare Fehler war, Kimi bei seinem Verhalten zuzuschauen und dabei mit ihm zu reden.

Leider hört ein aufmerksamkeitserregendes Verhalten nicht einfach auf, wenn die Aufmerksamkeit entzogen wird. Es wird auf jeden Fall zunächst stärker, bevor es aufhört. Wenn es zwischendurch doch immer wieder Zuwendung gibt, wird das Verhalten förmlich zementiert.

Das machte für eine erfolgreiche Behandlung des Verhaltensproblems auch die Änderung der Beziehung zwischen Kimi und seiner Halterin zwingend erforderlich. Die Therapie wurde gezielt so aufgebaut, dass alle Problembereiche mit beeinflusst wurden.

Für die Zukunft wären weitere Verbesserungen möglich:

- Eine der Toiletten könnte aus dem Wohnzimmer verschwinden. Das sollte die sein, die Kimi weniger häufig benutzt.
- Die Toilette, die im Wohnzimmer verbleibt, kann schließlich an einen Platz kommen, der der Halterin selbst besser gefällt. Allerdings sollte die Toilette nicht auf einmal an einen ganz anderen Platz gestellt werden, sondern nach und nach in kleinen Schritten an die gewünschte Endposition gerückt werden. Sie sollte sich jedoch weiter in Sichtweite der Halterin befinden, sodass diese auf gewünschtes Verhalten auch reagieren und Kimi loben kann.

Fall 4: Carlo

Problem: Carlo uriniert in der Wohnung an den verschiedensten Stellen, aber immer auf Gegenstände wie Taschen, Schuhe, Plastiktüten, herumliegende Kleidung und Teppiche. Wenn auf dem Boden nichts liegt, wirft er auch Sachen vom Schrank und pinkelt dann darauf.

Vorbericht

Carlo ist ein neunjähriger braun-grau getigerter Kater. Er stammt aus einem Privathaushalt, von einer Freundin der Halter, und ist mit drei Monaten zu seinen jetzigen Besitzern gekommen. Seither lebt er mit ihnen, einem Ehepaar mittleren Alters, in einer Vierzimmerwohnung von ungefähr 90 m^2.

Das Ehepaar hat zwei Töchter, von denen nur noch eine daheim bei den Eltern wohnt. Als die Ältere vor einigen Jahren auszog, wurde die Wohnung verändert und die jüngere Tochter zog in ein anderes Zimmer. Das war die einzige größere Veränderung, die Carlo erlebt hat.

Carlo wurde bereits im Alter von sieben Monaten kastriert, weil er schon zu diesem Zeitpunkt Urin außerhalb des Katzenklos absetzte. Als er zwei Jahre alt war, hatte er einen schweren Autounfall. Er erlitt einen Beckenbruch und eine Lungenquetschung. Seither hat er ab und zu Hustenanfälle. Manchmal leidet er unter Verstopfung. Das behandeln die Halter bei Bedarf mit kleinen Gaben von Milchzucker und hatten bisher damit jedes Mal Erfolg. Einmal im Jahr muss Carlo zum Impfen zum Tierarzt.

Carlo steht die ganze Wohnung uneingeschränkt zur Verfügung. Er schläft im Winter neben dem Gasofen im Wohnzimmer in einer ausgepolsterten Schuhschachtel und im Sommer auf der Couch oder auf einem der Betten. Seine Lieblingsplätze sind die Schuhschachtel, ein Fensterbrett, wo er in der Sonne liegen kann, und eine Stelle hinter einer Fenstertür, wo er auch gern in der Sonne liegt. Es gibt außerdem im Wohnzimmer am Fenster einen Kratzbaum, der bis zur Decke reicht und mehrere Liegebretter hat. Carlo benutzt ihn brav zum Krallenschärfen. Oft liegt er auch auf einem der Liegebretter, beobachtet Vögel und was auf der Straße so vorgeht.

Carlo lässt sich von allen Mitgliedern der Familie gern streicheln und kraulen. Die Sozialkontakte gehen genauso oft von ihm wie von seinen Menschen aus. Allerdings begrüßt er von allen nur die Halterin, wenn diese nach Hause kommt.

Carlo wird gefüttert, wenn er das fordert. An Spielen ist er nicht mehr so interessiert wie früher und hört meist schnell auf. Als Spielzeug dienen zerknüllte Papierbällchen, eine kleine Fellmaus und seit Kurzem ein Hasenfuß mit Glöckchen. Aber es gibt auch Spiele, bei denen er und seine Menschen sich gegenseitig in der Wohnung jagen.

Seine Halter beschreiben Carlo als sehr anhänglich und verschmust, aber zugleich als sehr ängstlich und schreckhaft. Wenn Besuch kommt, zieht er sich unter ein Bett oder hinter die Couch zurück. Nach einer Weile kommt er zwar wieder zum Vorschein, aber nur, um die Situation zu kontrollieren. Dann verschwindet er wieder. Wenn Fremde versuchen, aktiv mit ihm Kontakt aufzunehmen, flüchtet er.

Früher wollte er gern nach draußen und durfte das auch. Mittlerweile traut er sich das schon lange nicht mehr. Er geht höchstens mal ab und zu ins Treppenhaus. Carlos Bruder dagegen, der noch bei der ursprünglichen Familie lebt, ist sehr mutig und abenteuerlustig.

Carlo hat eine Toilette, die im Bad zwischen Wanne und Tür steht. Er setzt Kot und Urin in der dafür typischen hockenden Körperhaltung ab, scharrt aber nur sein Häufchen zu. Die Toilette ist 35 x 50cm groß, 15 cm tief und besitzt keinen Deckel. Sie ist mit Klumpstreu gefüllt. Kot wird jedes Mal entfernt, wenn ein Familienmitglied ein

Häufchen im Katzenklo sieht, Urinklumpen werden zweimal täglich entfernt. Einmal wöchentlich wird die Toilette komplett gereinigt und mit Spülmittel und heißem Wasser ausgewaschen. Eine zweite Toilette, die es früher gab, hatte keinen Einfluss auf das Verhaltensproblem und wurde daher wieder abgeschafft.

Es ist den Haltern bekannt, dass Carlo, schon als er noch bei seiner Mutter war, die Katzentoilette nicht zuverlässig benutzt hat. Damals hat er alle paar Wochen immer mal wieder einfach irgendwo in die Wohnung gepinkelt.

Auch bei seinen jetzigen Besitzern zeigte er dieses Verhalten von Anfang an. Ein spezielles Ereignis, mit dem der Beginn des Verhaltens im jetzigen Haushalt zusammenhängen könnte, ist nicht bekannt. Allerdings ist den Besitzern aufgefallen, dass Carlo immer dann verstärkt außerhalb der Katzentoilette Urin absetzt, wenn sie nach einem Besuch im Ferienhaus wieder nach Hause kommen. Dagegen zeigt er das Verhalten grundsätzlich weniger intensiv, wenn er in der Wohnung der älteren Tochter zu Besuch ist.

Carlo uriniert immer auf Gegenstände, die auf dem Boden liegen. Zuerst waren das u.a. Plastiktüten, Taschen, Schuhe und Teppiche. Inzwischen hinterlässt er seine Spuren auch auf herumliegenden Kleidungsstücken und wirft, wenn er nichts Geeignetes findet, sogar Sachen vom Schrank. An manchen Tagen passiert das mehrmals, manchmal aber wieder tagelang gar nicht. Zwischendurch gab es sogar immer wieder Zeiten, wo wochenlang Ruhe war. Aber den Haltern ist nichts aufgefallen, was diese positiven Phasen bewirkt haben könnte.

Carlo wurde anfangs bestraft, wenn die Halter Urinspuren fanden: Er wurde ausgeschimpft und dabei wurde seine Nase in die Pfütze getunkt. Anschließend setzten sie ihn dann in sein Klo und haben »überzeugend auf ihn eingeredet«. Nach solchen Ereignissen flüchtete Carlo und war eine Zeit lang eingeschüchtert. Auf den Urinabsatz hatte das Ganze jedoch keinen positiven Einfluss und deshalb wurde es schließlich auch unterlassen. Stattdessen werden jetzt Urinspuren kommentarlos beseitigt und Carlo gelobt, wenn er die Toilette benutzt. Aber auch bei dieser Vorgehensweise konnten die Halter keine Verbesserung des Verhaltens feststellen.

Die Konsultation findet statt, weil das Verhalten seit ungefähr acht Wochen besonders stark ausgeprägt ist. Davor hatte ein längerer Aufenthalt im Ferienhaus stattgefunden und gleich daran anschließend war Carlo bei der Tochter zu Besuch gewesen. Auch hier hatte er dieses Mal öfter als sonst Urin außerhalb der Toilette abgesetzt.

Die Halter waren Carlos ganzes bisheriges Leben mit dem Problem konfrontiert und haben sich irgendwie damit arrangiert. Aber jetzt hat sein Verhalten solche Ausmaße angenommen, dass die ganze Familie darunter leidet. Der Ehemann ist mittlerweile sehr gereizt und ungehalten und am Ende seiner Geduld. Die Halterin und die Töchter fühlen sich hilflos.

Beim **Hausbesuch** macht Carlo einen gesunden und vergnügten Eindruck – abgesehen davon, dass er fremden Besuch ganz offensichtlich nicht besonders schätzt.

Im Gespräch mit den Haltern können einige noch offenstehende Fragen geklärt werden. Es kommen zusätzliche Fakten zutage, die an der derzeitigen Verstärkung von Carlos Verhalten mitbeteiligt sein können.

Seit einigen Monaten gibt es in der Nachbarschaft einen fremden Kater, der wiederholt in die Wohnung der Halter eingedrungen ist. Bei diesen Gelegenheiten hat Carlo weder ängstlich reagiert noch sichtbares Abwehrverhalten gezeigt, sondern den Kater einfach gewähren lassen.

Während des letzten Aufenthalts in der Wohnung der Tochter fand der jährliche Tierarztbesuch statt, bei dem Anton untersucht und geimpft wurde.

Außerdem erinnern sich die Halter im Rückblick und bei genauem Nachdenken daran, dass Carlo bis zu seinem Autounfall eigentlich genauso unternehmungslustig war wie sein Bruder. Erst danach wurde er immer ängstlicher. Auch sein Interesse, nach draußen zu gehen, ging erst nach dem Unfall merkbar zurück.

Diagnose

Leider haben die Halter Carlo nie dabei beobachtet, wie er uriniert hat. Daher dienen vor allem die Vorgeschichte und die Orte, an denen Carlo Urin hinterlässt, für Rückschlüsse und zur Diagnosefindung.

Carlo hat schon, als er noch bei seiner Mutter war, ab und zu irgendwo in der Wohnung seine Pfütze hinterlassen. Das bedeutet, dass er schon als Welpe nicht wirklich stubenrein war. *Er hat also nie gelernt, die Katzentoilette zuverlässig zu benutzen.* Das hat sich auch in seinem neuen Haushalt nicht geändert.

Zum jetzigen Zeitpunkt setzt er manchmal größere Mengen Urin an flachen Stellen ab. Er pinkelt auf Teppiche, die auf dem Parkettboden liegen, und benutzt auch den Vorleger, der vor der Badewanne liegt, regelmäßig zum Urinabsatz. Die Katzentoilette wird nur für den Kotabsatz absolut zuverlässig benutzt, zum Urinieren leider nicht immer. In den Fällen, in denen größere Mengen Urin auf den Teppichen und dem Badezimmervorleger gefunden werden, kann man daher mit ziemlicher Wahrscheinlichkeit von Unsauberkeit ausgehen.

Markierverhalten dagegen tritt grundsätzlich erst im Zusammenhang mit der Geschlechtsreife auf. Die Halter können sich leider nicht mehr erinnern, ob Carlo schon vor der Pubertät Urin auf Gegenständen absetzte, die auf dem Fußboden lagen. Sie wissen aber noch, dass es mehr Urinspuren gab, als Carlo ungefähr sechs Monate alt war. Aus diesem Grund wurde er auch schon im Alter von sieben Monaten kastriert.

Außergewöhnlich ist, dass Carlo Urin nicht an Stellen hinterlässt, die an die Außenwelt angrenzen. Aber er wählt für seine Urinspuren ganz eindeutig Dinge, die »fremd« riechen und die dadurch, dass sie mitten auf dem Fußboden liegen, in gewisser Weise exponiert und damit auffallend sind. Schuhe und Kleidungsstücke tragen ebenfalls Geruchsinformation von draußen herein. Es scheint, dass er es nicht erträgt, wenn sich mitten in seinem Gebiet fremde Gerüche breitmachen: Er muss das dann mit eigenen Duftstoffen übertönen. Das alles und die geringen Mengen Urin, die er dabei hinterlässt, weisen auf Markierverhalten hin.

Das steht auch im Einklang mit seiner Persönlichkeit. Er ist ängstlich und leicht zu verunsichern. Da ist es auch nicht erstaunlich, dass er mit Ortswechseln nicht gut umgehen kann und auf den Aufenthalt im Ferienhaus mit vermehrtem Markieren reagiert.

Die Tatsache, dass er in der Wohnung der Tochter weniger markiert, spricht dafür, dass er sich dort sicherer fühlt. Da dort kein Hausbesuch stattgefunden hat, lässt sich darüber, warum er sich dort sicherer fühlt, nur spekulieren. Es könnte sein, dass es eine kleinere Wohnung ist, die für ihn überschaubarer ist. Oder er mag, dass es nur eine Person gibt und dadurch weniger los ist. Das würde auch erklären, warum der Tierarztbesuch, der mit seinem letzten Aufenthalt dort zusammenfiel, eine Verschlechterung bewirkte.

Bemerkenswert ist, dass Carlo auf die Anwesenheit des anderen Katers so gelassen reagiert hat. Anscheinend war es für ihn nicht besonders unangenehm, wenn er mit diesem Kater zusammengetroffen ist, und es ist schwer zu sagen, ob diese Treffen einen Einfluss auf das Markierverhalten hatten. Es kommt übrigens tatsächlich manchmal vor, dass Katzen sich mit einer anderen Katze einfach anfreunden, und das Verhalten der beiden Kater deutet darauf hin.

Bei Kater Carlo handelt es also um Unsauberkeit und Markierverhalten.

Prognose: Die beiden Problembereiche müssen getrennt gesehen und hinsichtlich der Aussichten für die Zukunft auch getrennt beurteilt werden.

Unsauberkeit: Carlo war niemals wirklich stubenrein. Er uriniert also schon seit neun Jahren manchmal in die Katzentoilette und dann wieder auf Teppiche und die Badematte. Die Wahrscheinlichkeit, dass er lernt, die Katzentoilette *immer* zuverlässig zu benutzen, ist nicht hoch. Aber eine merkbare Verbesserung sollte sehr wohl möglich sein.

Markierverhalten: Auch hier ist aufgrund der langen Dauer und vor allem wegen des Lebensstils der Halter die Aussicht, das Verhalten ganz abzustellen, nicht besonders groß. Aber eine erhebliche Reduzierung kann sicherlich erreicht werden.

Behandlungsmaßnahmen

Zur **Behandlung von Unsauberkeit** muss in erster Linie eine möglichst optimale Toilettensituation geschaffen werden. Dazu werden genügend viele, ausreichend große und saubere Toiletten an geeigneten Plätzen zur Verfügung gestellt.

Bei Carlo wird die Situation dadurch erschwert, dass er niemals wirklich absolut stubenrein war. Er müsste also grundlegend umtrainiert werden. Carlo kann nur dann lernen, die Katzentoilette auch zum Urinieren zuverlässig zu benutzen, wenn er überhaupt keine andere Wahl hat.

Dazu muss seine ganze Lebenssituation und damit auch die der Halter geändert werden. Carlo darf erst einmal nur Zugang zu einem einzigen Raum haben, in dem mindestens zwei oder sogar drei gut geeignete Katzentoiletten in ausreichend Abstand voneinander stehen.

Ein solcher Raum muss einerseits natürlich mit allem ausgestattet sein, was Carlo braucht und gern hat. Andererseits muss es ein Raum sein, in dem sich die Familienmitglieder regelmäßig aufhalten, Carlo soll ja nicht in Isolationshaft leben. Eine derartige Einschränkung der Bewegungsfreiheit muss über Wochen, möglicherweise monatelang aufrechterhalten werden. Da Carlo ja schon sein ganzes Leben nicht stubenrein war – neun Jahre lang! –, muss man in diesem Fall von einem längeren Zeitraum ausgehen.

Um das **Markierverhalten** zu beeinflussen, muss in erster Linie Carlos Sicherheitsgefühl verbessert werden. Dazu stehen die folgenden Möglichkeiten zur Verfügung:

› Carlo sollten Ortswechsel nur dann zugemutet werden, wenn sie nicht zu umgehen sind. Bei einem Ortswechsel sollte Carlo ausreichend Gelegenheit haben, sich einzugewöhnen und wieder zur Ruhe zu kommen. Ein längerer Aufenthalt ist also besser als ein kurzer. Carlo sollte also lieber zu Hause in der Wohnung bleiben, wenn die Halter nur für ein Wochenende ins Ferienhaus fahren, und nur zu längeren Aufenthalten mitgenommen werden.
› Anscheinend sind Aufenthalte in der Wohnung der Tochter für ihn erholsamer und damit eher zumutbar. Sie sollten aber auch immer ausreichend lang dauern.
› Pheromondiffuser und Spray können den Bedarf zu markieren vermindern, da sie das Gefühl von Wohlbefinden steigern. Sie werden an strategischen Stellen in der Wohnung, im Ferienhaus und in der Wohnung der Tochter angebracht. Allerdings sind sie nur sinnvoll bei geschlossenen Fenstern.

Ein angstlösendes Medikament kann die dem Markieren zugrunde liegende Ängstlichkeit vermindern bzw. ausschalten.

Aus diesen Möglichkeiten wurden die gewählt, die für die Familie am besten geeignet waren.

1. Weil die Halter ihren Lebensstil nur bis zu einem gewissen Grad verändern wollten, verzichteten sie auf ein gezieltes Trainingsprogramm für Stubenreinheit. Sie fanden, es wäre sowohl für Carlo wie auch für alle Familienmitglieder eine zu große Beeinträchtigung der Lebensqualität, wenn Carlos Bewegungsfreiheit für längere Zeit auf nur einen Raum beschränkt werden müsste.
2. Um Carlos zugrunde liegende Ängstlichkeit zu vermindern und so seine Befindlichkeit und seine Lebensqualität zu verbessern, wurde ihm ein angstlösendes Medikament verordnet mit dem Ziel, so die Notwendigkeit zu markieren für ihn zu verringern.
3. In der Wohnung der Halter wurde eine zweite Toilette im Bad aufgestellt – da war so viel Platz, dass sie weit genug auseinander stehen konnten. Eine weitere Toilette wurde im Wohnzimmer aufgestellt. In der Wohnung der Tochter und im Ferienhaus bekam Carlo ebenfalls jeweils eine zweite Toilette.
4. Carlo sollte in den nächsten Wochen erst einmal überhaupt zu Hause bleiben und nicht in das Ferienhaus, aber auch nicht in die Wohnung der Tochter gebracht werden.
5. Später sollte Carlo ins Ferienhaus nur dann mitfahren, wenn dort ein Aufenthalt von mindestens einer Woche geplant war. Wenn die Halter nur für ein Wochenende hinausfuhren, sollte Carlo daheim bleiben und dann von einer der Töchter versorgt werden.
6. Auch die Besuche bei der Tochter sollten erst nach einiger Zeit wieder stattfinden. Sie sollten dann nie kürzer als zwei Wochen sein, damit Carlo jedes Mal Zeit hatte, wieder zur Ruhe zu kommen.
7. Feliway Diffuser und Feliway Spray wurden in der Wohnung der Halter, im Ferienhaus und in der Wohnung der Tochter eingesetzt.
8. Selbstverständlich wurden alle verunreinigten Stellen gereinigt.

Ergebnis

Die Besitzer hatten schon viele Jahre mit Carlos Verhaltensproblemen gelebt. Die Konsultation fand statt, weil die Situation mittlerweile ein unerträgliches Ausmaß angenommen hatte und die gesamte Familie darunter litt. Die Halter erhofften sich eine Verbesserung, aber sie rechneten nicht damit, dass das unerwünschte Verhalten komplett verschwinden würde.

In ein langwieriges Training für Stubenreinheit wollten die Halter nicht einsteigen, aber alle anderen Maßnahmen wurden umgesetzt.

In den ersten zwei Monaten der Therapie wurde Carlo überhaupt nicht mehr in das Ferienhaus mitgenommen und auch nicht in die Wohnung der Tochter gebracht.

Aufgrund der Konsultation konnten die Halter jetzt auch erkennen, ob und welche Maßnahmen Carlos Verhalten positiv beeinflussten. Zur Überraschung und Freude der ganzen Familie verschonte Carlo schon im Verlauf der ersten Woche den Badezimmerläufer und benutzte alle angebotenen Toiletten. Auch tauchten merkbar weniger frische Urinspuren auf den Teppichen auf. Das Problem »Unsauberkeit« sprach also gut auf die Behandlung an.

Die Wirkung des Medikaments setzte nach ungefähr drei Wochen ein: Carlo war merkbar weniger schreckhaft und auch bei Besuch erheblich zutraulicher.

Schon früher hatten die Halter immer darauf geachtet, dass keine Gegenstände herumlagen, die Carlo zu seinem unerwünschten Verhalten anregten. Daraufhin hatte er einfach Gegenstände vom Schrank geschubst, um sie dann zu markieren. Dieses Verhalten war vier Wochen nach Beginn der Medikation erheblich reduziert. Ein halbes Jahr nach Beginn der Medikation trat überhaupt kein Markierverhalten mehr auf, obwohl inzwischen wieder Reisen in das Ferienhaus stattfanden und Carlo auch immer mal wieder bei der Tochter zu Besuch war. Er benutzte überall alle Toiletten regelmäßig und zuverlässig.

Als Nächstes ist geplant, auszuprobieren, ob auch kürzere Reisen ohne Rückfall gut vertragen werden. Die Medikation wird aufgrund der Lebensumstände der Familie und der Befindlichkeit von Carlo immer noch aufrechterhalten. Wenn Carlo mindestens ein Jahr ohne Rückfall überstanden hat, könnte man versuchen, das Medikament abzusetzen.

Kommentar

Die Tatsache, dass Carlo unsauber war und gleichzeitig Markierverhalten zeigte, erschwerte die Situation. Für die Halter bestand kein Unterschied darin, ob die Urinspuren auf Unsauberkeit oder auf Markierverhalten zurückzuführen waren. Dadurch konnten die Halter auch eigentlich richtige Lösungsansätze nicht wahrnehmen. Wenn eine bestimmte Maßnahme auf das eine Problem eine positive Wirkung hatte, konnte das durch das andere Problem völlig überdeckt werden. Die Halter konnten deshalb nicht erkennen, ob und welche Maßnahmen Verbesserungen bewirkten und welche möglicherweise schadeten.

So kann man davon ausgehen, dass die zweite Katzentoilette, die die Halter Carlo früher zur Verfügung gestellt hatten, mit Sicherheit die Unsauberkeit vermindert und bewirkt hatte, dass Carlo damals weniger häufig oder sogar gar keinen Urin auf die Teppiche absetzte. Aber da er trotzdem weiterhin Gegenstände markierte – vielleicht sogar vermehrt, weil gerade zu dieser Zeit Reisen stattfanden –, konnten die Halter eine Verbesserung der Unsauberkeit überhaupt nicht wahrnehmen. Die positive Wirkung der zweiten Toilette wurde durch das Markierverhalten völlig überdeckt und die Halter entfernten sie leider wieder.

Die erste Reaktion der Halter, nämlich Carlos Nase in den Urin zu tunken und ihn auszuschimpfen, ist nur allzu nachvollziehbar.

Aber für Carlo war die »Aggression« seiner Halter ebenso unverständlich wie das darauffolgende Verbringen in die Katzentoilette und das dortige gute Zureden. Durch die Strafaktionen wurde Carlo nur eingeschüchtert, sein Verhalten wurde dadurch nicht verbessert.

Zum Glück merkten Carlos Halter frühzeitig, dass das nichts positiv veränderte, und verzichteten auf die Bestrafung. Dadurch vermieden sie möglicherweise, ohne es zu wissen, eine weitere Verschlechterung, die erfahrungsgemäß die Folge von Unsicherheit und Angst gewesen wäre.

Die Strategie, Urinspuren kommentarlos zu beseitigen, war richtig. Aber eine Verbesserung beim Markierverhalten wurde möglicherweise wiederum vollkommen durch Carlos Unsauberkeit überdeckt.

Für die Halter war das natürlich außerordentlich frustrierend. Für sie musste der Eindruck entstehen, dass sich Carlos Verhalten, ganz unabhängig davon, was sie unternahmen, immer weiter verschlechterte. Das zeigt deutlich, wie wichtig eine genaue Diagnose ist. Nur dann kann wirklich gezielt auf ein Verhaltensproblem eingegangen werden.

In Carlos Fall war es überraschend und erfreulich, dass die Verhaltensprobleme, obwohl sie schon so lange gedauert hatten, so gut und schnell auf die Behandlung ansprachen. Aber Rückfälle können nicht ausgeschlossen werden, vor allem beim Absetzen des Medikaments.

4 › Unerwünschtes Verhalten: Vorbeugen und gezielt verändern

Die Fallbeispiele zeigen, dass man unerwünschtes Verhalten am besten zielgerichtet und mit Erfolg ändern kann, wenn man das Problem genau analysiert hat. Man unterscheidet dabei zwischen **Auslöser**, **Ursache** und **Symptom**. Als **Ursache** wird bezeichnet, was dem Verhalten letztendlich zugrunde liegt. So könnte die Ursache für Markierverhalten darin liegen, dass eine Katze besonders ängstlich ist und deswegen durch jede Veränderung in ihrem Umfeld beunruhigt wird. Die Ursache für unerwünschtes Ausscheidungsverhalten könnte eine Blasenentzündung sein. Das **Symptom**, also das Anzeichen für das Problem, ist das Verhalten selbst, das Harnsprühen oder das Absetzen von Urin oder Kot an der »falschen« Stelle. Der **Auslöser** schließlich ist der direkte Anlass, der dafür sorgt, dass die Katze das unerwünschte Verhalten zeigt. Markierverhalten könnte also durch einen Gegenstand ausgelöst werden, der auf dem Boden liegt, ein neues Möbelstück, das plötzlich in der Wohnung steht, oder durch Baulärm vor dem Haus. Der Auslöser dafür, dass die Katze die Toilette nicht mehr benutzt, wäre z. B. eine Schmerzerfahrung – verursacht durch eine Blasenentzündung.

Mangelnde Stubenreinheit und Markieren, aber auch viele andere unerwünschte Verhaltensweisen bei Katzen beruhen häufig auf den folgenden Ursachen:

› Organische Hintergründe und körperliche Veränderungen jeder Art haben Auswirkungen auf das Verhalten, sind aber nicht immer leicht zu erkennen. Das gilt sowohl für Erkrankungen und Schmerzen oder auch für altersbedingte organische Veränderungen wie z. B. nachlassende Sinnesleistungen. Daher ist bei Verhaltensauffälligkeiten eine tierärztliche Überprüfung des Gesundheitszustands unerlässlich.
› Nicht selten sind die *Haltungsbedingungen*, gemessen an den artgemäßen Bedürfnissen von Katzen, objektiv unzureichend.

- In manchen Fällen sind die Haltungsbedingungen für eine individuelle Katze nicht zufriedenstellend.
- Versuche der Katze, ihre individuellen oder arttypischen Bedürfnisse zu befriedigen, können für den Halter problematisch sein.
- Insbesondere *ängstliche und unsichere* Katzen reagieren empfindlich auf Stress, sind nicht so anpassungsfähig. Das kann zu Verhaltensauffälligkeiten führen.
- Katzen, die mit Menschen zusammenleben, orientieren ihr Verhalten am Verhalten ihrer Bezugsperson(en). Oft verstärkt der Halter unabsichtlich und unbeabsichtigt das unerwünschte Verhalten.

Am erfolgreichsten und damit auch am sinnvollsten ist, wenn die Ursache des Verhaltensproblems beseitigt werden kann. In vielen Fällen ist das leider jedoch nicht wirklich möglich. Dann ist schon viel erreicht, wenn man die Auslöser des Verhaltens ausschalten kann. Eine solche sogenannte symptomatische Behandlung kann bewirken, dass das Verhalten nicht mehr gezeigt wird, obwohl die zugrunde liegenden Ursachen weiterhin vorhanden sind. Allerdings würde das Verhalten sofort wieder auftreten, wenn entsprechende Auslöser auftauchen.

Wie aufwendig, langwierig und kompliziert die Behandlung von unerwünschtem Verhalten sein kann, wird an den beschriebenen Fällen deutlich. Letztendlich wäre es daher meist einfacher und sinnvoller, die artgemäßen Bedürfnisse von Katzen, die in einer Wohnung leben, von vornherein zu erfüllen, so gut es geht. Damit könnte man der Entwicklung von Problemen weitgehend vorbeugen.

Haltungsbedingungen

Zur Entwicklung von Problemen mit der Stubenreinheit kommt es nicht selten, wenn die angebotene Katzentoilette die artgemäßen Bedürfnisse von Katzen nicht ausreichend berücksichtigt. Gerade besonders reinliche Katzen können da empfindlich reagieren.

Eine Wohnungskatze sollte mindestens zwei Toiletten haben. Diese sollten an ruhigen und ungestörten Stellen stehen, leicht zugänglich und gut gepflegt sein. Die Toiletten sollten an getrennten Orten oder zumindest ein Stück voneinander entfernt sein, sonst werden sie von der Katze als eine einzige Toilette wahrgenommen.

Die meisten Katzen mögen Toiletten ohne Deckel lieber. Jedes Kistchen sollte so tief mit Streu gefüllt sein, dass die Ausscheidungen gut verscharrt werden können. Kot und Urin sollten möglichst oft ,aber mindestens einmal täglich entfernt werden. Einmal wöchentlich sollte die komplette Streu ausgewechselt und das Katzenklo ausgewaschen werden. Die genauen Ansprüche hinsichtlich der verwendeten Katzenstreu können sich je nach Katze individuell unterscheiden. Da muss bei jeder Katze ausprobiert werden, was bei ihr am besten ankommt.

Wenn zwei oder mehr Katzen in einem Haushalt zusammenleben, wird es natürlich schwieriger. Wichtig sind genügend saubere Toiletten an mindestens zwei verschiedene Orten. Außerdem müssen die einzelnen Toiletten so platziert sein, dass der Zugang jederzeit ungehindert möglich ist.

Aber auch andere Aspekte sind von Bedeutung. Das Leben von Katzen, die in der Wohnung gehalten werden, ist, verglichen mit den Lebensbedingungen frei laufender Katzen, eher reizarm und im Hinblick auf das Platzangebot sehr eingeschränkt. Dennoch kommen viele Katzen erstaunlich gut damit zurecht, dass ihre natürlichen Fähigkeiten und Eigenarten kaum wirklich zum Einsatz kommen.

Aber manchmal werden sie einfach überfordert, und das kann zu Problemen führen.

Möglichst gute Lebensbedingungen können dem vorbeugen. Hier können Besitzer sich am Verhalten frei laufender Katzen orientieren: sie verbringen viel Zeit mit der Jagd, damit, sich Futter zu beschaffen und die Umwelt aus sicheren, möglichst erhöhten Verstecken zu beobachten. In einer aufgeräumten Wohnung sind die Möglichkeiten für Jagd- und Erforschungsaktivitäten begrenzt. Schon da kann man ansetzen:

- Das *Platzangebot* wird verbessert, wenn man der Katze Möglichkeiten bietet, die dritte Dimension, also die Höhe des verfügbaren Raums, zu nutzen. Über Stege und Regale können Katzen Zugang zu erhöhten Beobachtungsposten und Ruheplätzen auf Schränken und in Regalen erhalten.
  - Beliebt sind, besonders bei ängstlichen Katzen, Plätze, von denen aus man alles gut beobachten kann, aber selbst nicht gesehen wird.
  - Beobachtungsplätze mit Ausblick nach draußen bieten Abwechslung.

Wenn mehr als eine Katze in einem Haushalt leben, sollten Ruhe- und Beobachtungsplätze mehr als einen Zugang haben. Sonst versperren sich Katzen manchmal gegenseitig den Weg, oder eine kann eine andere gezielt daran hindern, einen Platz zu verlassen. Dann sind Stress und Konfrontationen unvermeidlich.

- Der *Tagesablauf* wird auch für ein Tier interessanter, wenn es etwas zu tun gibt. Tiere, die ihre Fähigkeiten einsetzen können, um Probleme zu lösen, sind beschäftigt und langweilen sich nicht. Der einfachste Weg, das zu erreichen, besteht darin, die Katze für ihr

Futter »arbeiten« zu lassen und es nicht nur im Napf hinzustellen. Katzen haben u. a. Spaß daran, Futter auszupacken oder danach zu angeln. So wird mehr Tageszeit auf die Futteraufnahme verwendet. Diese Methode wird heute auch in Tiergärten angewendet, um auf diesem Weg das Leben von Zootieren interessanter und abwechslungsreicher zu gestalten.

Beschäftigungsmöglichkeiten vor allem während der Abwesenheit des Halters bieten z. B. aufgehängte Spielzeuge, nach denen geschlagen und geangelt werden kann. Auch gute Spielzeuge verlieren jedoch mit der Zeit ihren Unterhaltungswert und sollten daher immer wieder ausgetauscht werden.

Der eigenen Fantasie sind hier keine Grenzen gesetzt und im Internet und Fachhandel findet man viele Anregungen.

Alle Umstellungen und Änderungen müssen an die betreffende(n) Katze(n) sorgfältig angepasst werden. Gerade verhaltensauffällige Katzen und vor allem ängstliche Katzen können auch durch eigentlich positive Änderungen leicht überfordert werden. Neue Verhaltensweisen bzw. neue Fütterungsmethoden müssen daher oft erst einmal aufgebaut, geübt und schrittweise eingeführt werden.

Gefühle gezielt beeinflussen

Als Mensch macht man sich meist wenig Gedanken, bevor man ein Tier neuen Reizen und Situationen aussetzt. Man probiert es einfach aus. Aber oft, besonders bei ängstlichen und unsicheren Tieren, klappt das nicht so problemlos. Wenn das Tier dann der Situation nicht gewachsen ist und mit Angst und Flucht oder Aggressionsverhalten reagiert, ist das Kind leider schon in den Brunnen gefallen. Es kann sehr aufwendig werden, so etwas wieder zu ändern. Aus diesem Grund lohnt es sich oft, wenn man bei geplanten Neuerungen schon im Vorfeld darüber nachdenkt, wie man die Sache am besten angeht.

Es gibt verschiedene Möglichkeiten, wie Gefühle gezielt beeinflusst und bei Bedarf verändert werden können.

Gewöhnung (Habituation)

Der Begriff Habituation bezeichnet die schrittweise Gewöhnung eines Lebewesens an Reize oder Situationen, die bisher völlig unbekannt waren und mit denen es bis dahin *keine unangenehmen Erfahrungen gegeben hat.*

Bei einer Habituation wird die Situation oder der Reiz, um den es geht, immer wieder ohne unangenehme und störende Begleiterscheinungen erlebt. Diese *wiederholte* oder andauernde Erfahrung, dass ein bestimmter Umweltreiz oder eine bestimmte Situation nichts Bedrohliches ankündigen, bewirkt, dass er/sie nach einer Weile nicht weiter beachtet wird. Er ruft dann weder Angst noch Abwehrverhalten hervor.

Beispiel: Viele Katzen verbinden mit dem Transportkorb automatisch Angst und Schrecken. Die Gründe dafür sind eigentlich leicht nachvollziehbar: Die Katze wird hineingesetzt und darin eingesperrt.

Dann rüttelt und schüttelt es, und wenn wieder aufgemacht wird, sind da fremde Menschen und fremde Gerüche und nicht selten sogar Schmerzen. Das führt dazu, dass später schon in dem Augenblick, in dem die Katze in den Korb gesetzt werden soll, der Stress für Halter und Katze beginnt. Das könnte man vermeiden.

Um wenigstens die Angst, die allein durch den Anblick von Korb oder Reisebox ausgelöst wird, gar nicht erst entstehen zu lassen, könnte man die Box auch von Anfang an dauerhaft an einem gemütlichen Platz stehen lassen und so ausstatten, dass die Katze im täglichen Leben daheim gern darin ruht.

So vermeidet man, dass schon das Erscheinen der Box Angst und Schrecken auslöst. Das bedeutet nicht, dass der Tierarztbesuch selbst zum Vergnügen wird – aber die Panik bricht nicht schon beim Anblick der Reisebox aus.

Man kann noch einen Schritt weiter gehen, wenn die Katze die Box erst einmal mag: Jetzt könnte man, wenn die Katze drinsitzt, die Box zumachen und so kurz anheben, dass die Katze gar keine Zeit hat, Angst zu bekommen. Sofort setzt man den Kasten wieder auf den Boden und macht die Tür auf, als wäre nichts gewesen.

Wenn das gut geht, könnte man sogar ein Spiel daraus machen: Mit der Box trägt man die Katze in die Küche, um ihr dort Futter zu geben. Nach einer Weile bedeutet dann das Tragen in der Box für die Katze: Juhu, es geht zum Essen! Besonders wenn man damit schon anfängt, wenn die Katze noch klein ist, geht das meist ziemlich schnell.

Wichtig: Man geht in wirklich *kleinen* Schritten vor. Die ganze Situation sollte nicht sehr intensiv sein. Es sollte dabei nie zu einem Angsterlebnis kommen. Jede einzelne Übungssituation sollte nicht zu lange dauern, damit die Katze nicht überfordert wird.

Sensibilisierung

Das Gegenteil einer Habituation ist eine **Sensibilisierung**. Das geschieht, wenn Reize und Situationen zu intensiv, zu aufregend oder unangenehm sind oder wenn zusätzlich irgendetwas Störendes passiert.

In einer solchen Situation steigen Aufregung und Wachsamkeit: Es kommt zu einer *erhöhten Erregungslage*. Dabei ist der Körper alarmiert, es werden Stresshormone ausgeschüttet. Beim nächsten Mal kann dann die Reaktion auf diesen speziellen Reiz, der das Ganze ausgelöst hat, oder auf die gesamte Situation schneller eintreten und außerdem stärker sein. Das kennt jeder aus eigener Erfahrung: Mit der Zeit reagiert man auf denselben Reiz oder dieselbe Situationen zunehmend empfindlicher. Im weiteren Verlauf kann dann sogar ein einzelner Reiz, der zufällig in einer solchen Situation anwesend ist, ganz allein immer schneller eine immer stärkere Reaktion auslösen. Das kann ein bestimmter Geruch, ein Geräusch oder ein optischer Reiz, z. B. Kleidung, sein. Nach einiger Zeit können dann sogar Reize, die dem ursprünglichen Reiz nur ähnlich sind, so wirken. Je öfter das passiert, desto intensiver wird die Reaktion.

Eine erhöhte Erregungslage führt außerdem zu einer *generell gesteigerten* Reaktionsbereitschaft (Reaktivität), also zu einer schnelleren und intensiveren Reaktion auf alle möglichen Reize. Meist kommt es dann zu Abwehrverhalten: Menschen schimpfen oft, Tiere zeigen nicht selten Aggressionsverhalten. Durch zusätzliche Belastungen, z. B. Lärm oder eine erhöhte Umgebungstemperatur, wird die Gefahr einer Sensibilisierung weiter gesteigert.

Systematische Desensibilisierung

Mittels einer **systematischen Desensibilisierung** kann eine schon erfolgte Sensibilisierung rückgängig gemacht werden und man kann damit grundsätzlich Angst- oder Abwehrverhalten behandeln. Dazu bringt man das betreffende Lebewesen in Situationen, in denen es unter genau kontrollierten Bedingungen den angstauslösenden Reiz (AA) in *so geringer Stärke* erlebt, dass er gerade noch keine Angst hervorruft.

Die Vorgehensweise entspricht im Prinzip einer Habituation. Allerdings sollen jetzt *schon vorhandene* unangenehme Gefühle wieder rückgängig gemacht werden. Daher muss man noch sorgfältiger vorgehen.

Wenn also bei einer Katze der Angstauslöser (AA) ein bestimmtes Geräusch ist, wird beim ersten Mal dieses Geräusch so leise präsentiert, dass die Katze zwar aufmerksam wird, aber keine Anzeichen von Angst zeigt. Wenn das Geräusch unverändert eine Weile zu hören ist, kümmert sich die Katze nach einiger Zeit nicht mehr darum. Dann kann man die Stärke des Geräuschs ein ganz kleines bisschen erhöhen. Zuerst reagiert die Katze darauf erneut mit Aufmerksamkeit, aber diese Aufmerksamkeit lässt nach einer Weile natürlich wieder nach, weil die Katze merkt: Das hat überhaupt keine Bedeutung. Dann kann man die Intensität des Geräuschs wieder ein bisschen erhöhen.

So wird das Geräusch in ganz kleinen Schritten immer weiter verstärkt. Das Ganze wird in einzelnen Sitzungen so oft wiederholt, bis die Katze es irgendwann auch bei der Lautstärke, in der das Geräusch normalerweise auftritt, nicht weiter beachtet.

Jede Sitzung beginnt mit der Geräuschintensität, die die Katze beim letzten Mal gut vertragen hat, und darf erst beendet werden, wenn die Stärke des Geräuschs, mit der man gerade arbeitet, keinerlei Anzeichen von Angst oder Beunruhigung mehr bewirkt. Der nächste Schritt in der Behandlung, eine kleine Steigerung des Geräuschs, erfolgt immer erst, wenn die Katze völlig entspannt ist. Dafür geeignete CDs mit verschiedenen Geräuschen sind im Handel bzw. beim Tierarzt erhältlich.

Die einzelnen Sitzungen dürfen nicht zu lange andauern, damit die Katze nicht überlastet wird. Eine oder zwei Sitzungen am Tag reichen. Sie sollten so geplant werden, dass Zeitdruck und Störungen ausgeschlossen sind.

Bei einer systematischen Desensibilisierung sind Fingerspitzengefühl und Geduld gefragt. Wenn man zu schnell vorgeht, kommt es zu Angst und damit zu Rückschritten. Im Extremfall muss man wieder ganz von vorn anfangen.

Gegenkonditionierung

Bei einer Gegenkonditionierung geht man bei der Behandlung von Angst- und Abwehrverhalten noch einen Schritt weiter. Der Grundgedanke dabei ist, dass Angst und Freude auf Dauer nicht gleichzeitig empfunden werden können. Wenn also der angst- und/oder aggressionsauslösende Reiz (AA) *zuverlässig* immer wieder etwas Angenehmes ankündigt, löst dieser Reiz nach ausreichend vielen Wiederholungen Freude aus.

Man sorgt also dafür, dass eine angenehme Erfahrung sofort im Anschluss an das Erscheinen des angst- und/oder aggressionsauslösenden Reizes (AA) beginnt und so lange dauert, wie dieser AA anwesend ist. In dem Augenblick, in dem der AA verschwindet, hört auch die angenehme Erfahrung auf. Für eine Gegenkonditionierung verwendet man gern Futter, weil Essen beruhigend wirkt und erfahrungsgemäß leicht zu handhaben ist. Die Katze wird also mit dem Angstauslöser (AA) konfrontiert – das kann z. B. ein Geräusch oder eine andere Katze sein. Sofort, wenn der AA erscheint, und *während der ganzen Zeit*, die er anwesend ist, bekommt die Katze Futter. In dem Augenblick, in dem der AA verschwindet, wird die Fütterung beendet. Der AA wird zu einer zuverlässigen Ankündigung von Futter und löst daher schließlich automatisch Freude auf das Futter aus.

Eine Gegenkonditionierung ist Präzisionsarbeit: Das Füttern muss *innerhalb einer halben Sekunde nach Erscheinen des AA* starten. Wenn das richtig gemacht und oft genug durchgeführt wird, löst der AA schließlich Freude auf Futter aus, nicht mehr Angst- und Abwehrverhalten.

Das geht natürlich nur dann, wenn das betreffende Tier auch fressen kann, wenn es den AA wahrnimmt. biologisch gesehen ist das eigentlich nicht sinnvoll: Es wäre außerordentlich gefährlich, in Ruhe weiterzufressen, wenn sich eine Bedrohung annähert. Aus diesem Grund verweigern die meisten Tiere unter solchen Umständen die Futteraufnahme, selbst wenn etwas besonders Gutes angeboten wird.

Daher bietet man bei einer Gegenkonditionierung nicht nur ganz besonderes, außergewöhnlich gutes Futter an. Ganz wichtig ist, dass die Stärke des Angstauslösers so dosiert wird, dass die Katze noch fressen kann.

Bei einem Geräuschproblem wird das angstauslösende Geräusch anfangs daher nur so laut präsentiert, dass die Katze es zwar wahrnimmt, aber nicht mit Angst, Aufregung und Flucht reagiert, sondern fressen kann. Eine Gegenkonditionierung ist also sozusagen eine Desensibilisierung, bei der es Futter gibt.

Wenn man eine Gegenkonditionierung oder eine Desensibilisierung durchführt, darf die Katze dem Angstauslöser ***ausschließlich*** während der Behandlung unter genau kontrollierten Bedingungen ausgesetzt werden. Ein Angsterlebnis durch eine zufällige Konfrontation kann den ganzen Behandlungserfolg zunichtemachen.

Die Aussichten auf Erfolg mit einer Desensibilisierung oder einer Gegenkonditionierung sind also gut, wenn die einzelnen Übungssitzungen präzise und geduldig durchgeführt werden und wenn man die Katze davor schützen kann, dass sie unverhofft außerhalb der Übungssitzungen dem AA begegnet. Bei mehr als einem AA ist dieser Aufwand jedoch meist zu hoch.

Reizüberflutung

Die sogenannte Reizüberflutung (Flooding) ist mit den Grundsätzen des Tierschutzes nicht vereinbar und sollte daher auch nicht angewendet werden. Sie wird aber der Vollständigkeit wegen beschrieben.

Bei dieser Behandlungsmethode wird der Patient dem AA in voller Stärke ausgesetzt. Dabei wird jedes Flucht- und Meideverhalten unterbunden. Es wird also verhindert, dass der Angstpatient sich in irgendeiner Weise dem AA entziehen kann. Eine Katze könnte man z. B. in einen Käfig setzen, diesen schließen und die Katze so der angstmachenden Situation in voller Stärke aussetzen.

Eine solche Sitzung darf erst dann beendet werden, wenn die Katze keine unerwünschten Reaktionen mehr zeigt bzw. wenn unerwünschte Reaktionen eindeutig weniger intensiv geworden sind. Neben sichtbarem Angst- oder Abwehrverhalten schließt das u. a. auch verstärkte Atmung bzw. Hecheln ein. Wenn zu früh abgebrochen wird, also bevor eine merkbare Besserung erfolgt ist, kommt es zu einer Verschlechterung.

Beim Flooding wird die Angstreaktion nicht vermindert, weil sich der Patient an den Reiz bzw. die Situation gewöhnt und erkannt hat, dass sie ungefährlich sind. *Die Angstreaktionen werden deswegen geringer oder hören auf, weil nach einiger Zeit alle körperlichen Reaktionsmöglichkeiten völlig erschöpft sind.*

Der betreffende Patient leidet also unter höchster Angst, bis seine körperlichen Kräfte erschöpft sind. Leider kann man nicht vorhersagen, wie lange eine solche Sitzung dauern und wie oft sie evtl. wiederholt werden muss.

Der Patient ist bei jeder Sitzung einer extremen körperlichen Belastung ausgesetzt. Es gibt keine Garantie, dass er dieser Belastung gewachsen ist und keinen körperlichen Schaden davonträgt.

Bei Menschen wird Flooding in dieser Form nicht mehr angewendet. Auch bei Tieren gibt es *wirksame andere, weniger tierschutzrele-*

vante Behandlungsmöglichkeiten. Flooding sollte aus diesen Gründen allenfalls nach äußerst sorgfältiger Abwägung aller Aspekte und dann *nur mit der Unterstützung geeigneter Medikamente* eingesetzt werden.

Erlernen neuer Verhaltensweisen

Verhalten kann nicht nur durch Haltungsbedingungen und die Veränderung von Gefühlen beeinflusst werden. Durch gezielte Maßnahmen kann auch neues Verhalten trainiert werden. Dabei werden gewünschte Verhaltensweisen sorgfältig aufgebaut und ausreichend lange eingeübt.

Jeder, der etwas Neues lernt, auch Menschen, lernt als Erstes den genauen Ablauf des Verhaltens. Anschließend wird dieses Verhalten so oft immer wieder ausgeführt, bis es fehlerlos und flüssig abläuft. Wissenschaftlich wird das als **instrumentelle** oder **operante Konditionierung** bezeichnet.

Um Verhaltensweisen zuverlässig und fehlerfrei unter den verschiedensten Umständen ausführen zu können, muss man sie *ausreichend oft* und unter den verschiedensten Umständen üben. Jeder, der für einen Sport trainiert oder Autofahren, Tanzen, ein Musikinstrument oder z. B. Kampfsport gelernt hat, hat diese Erfahrung gemacht. Ein neues Verhalten beherrscht man erst dann flüssig, wenn man es *Hunderte von Malen* ausgeführt hat.

Ganz besonders lange dauert es, ein einmal erlerntes Verhalten, das man lange Zeit ausgeführt hat, zu verändern. Ebenso wie Menschen fällt es auch Tieren nicht leicht, Gewohnheiten zu ändern und umzulernen. Auch einer Katze muss man also ausreichend Zeit zugestehen, wenn sie ein neues Verhalten lernen soll.

Es wird immer wieder behauptet, dass man Katzen nicht erziehen und trainieren könnte. Das trifft aber keinesfalls zu. Richtig ist, dass man Katzen nicht zu etwas zwingen kann. Es ist also eine Frage der Motivation. Jede Katze wird ein bestimmtes Verhalten dann ausführen, wenn man ihr gute Gründe dafür liefert.

Belohnung

Ein guter Grund ist, wenn durch ein bestimmtes Verhalten etwas Angenehmes erworben werden kann. Bei der Erziehung von Katzen funktionieren Belohnungen grundsätzlich gut, z. B. kleine Leckerbissen. Bei Katzen, die gut mit Menschen sozialisiert sind und Menschen mögen, wirkt außerdem Zuwendung, also Ansprechen und Streicheln. Manche Katzen mögen es mehr, wenn man mit ihnen spricht, als wenn man sie anfasst. Man muss also bei jeder Katze individuell und evtl. auch von Situation zu Situation herausfinden, was gerade die richtige Belohnung wäre.

Bei einer Belohnung ist also einerseits wichtig, dass der, der sie bekommt, sie auch wirklich als belohnend empfindet. Andererseits muss die Belohnung auch im richtigen Augenblick stattfinden. Wenn also ein bestimmtes Verhalten positiv bestärkt werden soll, muss die Belohnung in einem unmittelbaren zeitlichen Zusammenhang mit diesem Verhalten erfolgen: sofort anschließend an das Verhalten oder sogar noch während das gewünschte Verhalten stattfindet. Eine Belohnung, die später kommt, wird mit dem Verhalten verknüpft, das gerade in diesem Augenblick stattfindet, nicht mehr mit dem, was eigentlich beabsichtigt war.

Strafe

Es wäre ebenfalls ein guter Grund, etwas zu tun, wenn man dadurch Nachteile (= Strafe) vermeiden kann. Als Strafe bezeichnet man, wenn bei einem bestimmten Verhalten etwas Angenehmes weggenommen wird oder wenn etwas Unangenehmes passiert. Dadurch will man erreichen, dass ein bestimmtes Verhalten weniger bzw. gar nicht mehr gezeigt wird. Bei Strafen ist der richtige Zeitpunkt ebenso wichtig wie bei Belohnungen, und es bestehen ebenfalls individuelle Unterschiede darin, was wann als Strafe empfunden wird.

Ein Strafreiz zum falschen Zeitpunkt wird falsch verknüpft. Ein zu schwacher Strafreiz wirkt nicht, und ein zu starker Strafreiz verängstigt. Je ängstlicher und sensibler ein Lebewesen ist, desto weniger stark darf der Strafreiz sein.

Bei der Erziehung von Katzen haben Strafen insgesamt eher Nachteile. Das liegt vor allem an zwei Faktoren: Katzen sind einerseits fähig, enge Bindungen mit Sozialpartnern einzugehen, aber sie sind biologisch gesehen zum Überleben nicht auf einen Sozialpartner angewiesen. Daher gibt es für Katzen im Gegensatz zu Hunden keinen Grund, Sozialkontakt auch unter ungünstigen Bedingungen aufrechtzuerhalten. Auf der anderen Seite sind Katzen zwar Jäger und gut bewaffnet, aber verhältnismäßig klein. Es ist daher für eine Katze immer eine gute Überlebensstrategie, in einer bedrohlichen Situation rechtzeitig die Flucht zu ergreifen. Das führt letztendlich dazu, dass Katzen sich einer ungemütlichen Situation lieber entziehen. Nur wenn es absolut erforderlich ist, kommt es zu Abwehrverhalten.

Da nun die Wirkung einer Strafe darauf beruht, ein unangenehmes Gefühl hervorzurufen, besteht eine übliche Reaktion bei Katzen darin, sich einer solchen Situation so schnell wie möglich zu entziehen und derartige Situationen in Zukunft zu vermeiden.

› Wenn man z. B. mit Belohnungen ein neues Verhalten trainiert und die Katze es nicht so ausführt, wie sie soll, könnte man ihr als Strafe die Belohnung einfach nicht geben – sie hat sie sich erst verdient, wenn sie es richtig macht. Die meisten Hunde würden sich in diesem Fall mehr anstrengen. Für die meisten Katzen macht das die Trainingssituation dagegen so unattraktiv, dass sie die Lust am Training verlieren. Wahrscheinlich würden sie sich zurückziehen und nicht mehr mitmachen. Die Strafe hat also nicht bewirkt, dass die Katze intensiver mitarbeitet, sondern das Gegenteil.

› Ein unerwünschtes Verhalten könnte man abbrechen, wenn etwas passiert, das die Katze als unangenehm empfindet. Wenn man nicht möchte, dass die Katze auf den Esstisch springt, könnte man z. B. laut schreien oder in die Hände klatschen. Sie bekommt einen Schreck und springt vom Tisch. Das Ziel »Katze nicht auf dem Esstisch« ist damit erreicht. Aber die Katze hat natürlich nicht nur die Erfahrung gemacht: Auf dem Esstisch ist es unangenehm. Es gibt zwei weitere Lerneffekte. Erstens: Auf dem Esstisch ist es unangenehm, *wenn mein Mensch in der Nähe ist*, und zweitens: *Mein Mensch hat mir Angst gemacht.*

Das kann dazu führen, dass sie den Esstisch nur dann meidet, wenn derjenige, der den Schreck ausgelöst hat, in der Nähe ist. Es kann außerdem bewirken, dass das Vertrauen zu diesem Menschen *in diesem Raum* oder sogar *grundsätzlich* leidet und die Katze ihm unter bestimmten Umständen lieber aus dem Weg geht. Zusätzlich kann die Katze durch ein solches Erlebnis insgesamt verunsichert werden und sich in ihrer Umgebung weniger entspannt und sicher fühlen. Das gilt besonders für Katzen, die schon von vornherein ängstlich sind.

Die beiden ersten dieser unerwünschten Lerneffekte kann man durch sogenannte »anonyme« Strafreize vermeiden, also durch Strafreize, bei denen die Katze nicht erkennen kann, dass der Mensch dafür verantwortlich ist. Aber man kann nicht ausschließen, dass die Katze sich in Zukunft in ihrer heimischen Umgebung vielleicht weniger sicher fühlt.

Unsicherheit und Ängstlichkeit sind in hohem Maß mitverantwortlich für die Entwicklung von unerwünschtem Ausscheidungsverhalten und Markieren. Es ist leicht nachvollziehbar, dass alles, was Unsicherheit und Ängstlichkeit verstärkt, mit einem hohen Risiko verbunden ist und wahrscheinlich schadet. Daher wird von Strafmaßnahmen grundsätzlich abgeraten.

Löschung

Ein Verhalten wird gelöscht, d.h., es verschwindet, wenn es keine positiven Reaktionen aus der Umwelt mehr erfährt. Dann lohnt es sich nicht mehr und wird folglich nicht länger verstärkt. Nach einer Weile wird es dann nicht mehr ausgeführt.

Auch unerwünschte Verhaltensweisen können gelöscht werden. Bedingung ist, dass *alles*, was das betreffende Verhalten verstärkt, identifiziert wird und in Zukunft im Zusammenhang mit diesem Verhalten *nie wieder* geschieht.

Das ist komplizierter, als man glaubt. Einerseits ist für Menschen häufig nicht erkennbar, was ein Tier als belohnend empfindet. Andererseits wirken bei Tieren, die mit Menschen zusammenleben, schon Aufmerksamkeit und Zuwendung verstärkend. Folglich verstärkt schon ein Blick unerwünschtes Verhalten. Um eine Verstärkung zu vermeiden, muss das unerwünschte Verhalten also ignoriert werden: Es darf *niemals* und *in keiner Weise* darauf reagiert werden. Das beinhaltet: nicht ansehen, nicht ansprechen, nicht anfassen. Das ist außerordentlich schwer durchzuführen.

Wenn auch nur ab und zu eine Reaktion erfolgt, wirkt das wie eine sogenannte *intermittierende* Belohnung. Bei dieser Form der Belohnung entsteht eine ähnliche Wirkung wie bei einem Spielautomaten. Es besteht die Aussicht auf einen Gewinn, aber man weiß nie, wann genau. So eine Belohnung erhält das Verhalten nicht nur weiter aufrecht und verstärkt es, sondern zementiert es förmlich.

Wenn es gelingt, die Verstärker zu identifizieren und auszuschalten, lauert ein weiteres Problem. Sobald die Verstärkung aufhört, entsteht Frustration, und *bevor es zur Löschung kommt, wird das Verhalten erst stärker.* Das ist eine normale und unausweichliche Reaktion. Sie wird als »extinction burst« bzw. »Löschungstrotz« bezeichnet. An diesem Punkt geben viele Tierhalter auf. Sie gewinnen den Eindruck, dass diese Vorgehensweise nicht funktioniert, weil das Verhalten ja zuerst stärker wird. Oder aber sie halten das verstärkte Verhalten nicht aus. Wenn ihre Katze also mitten in der Nacht laut miaut oder unbedingt ins Zimmer will und an der Tür randaliert, reagieren sie entnervt schließlich doch in irgendeiner Weise. Das verstärkt dann unglücklicherweise die durch Frustration schon gesteigerte Form des Verhaltens zusätzlich.

Schlusswort

Katzen leben im Durchschnitt mehr als zehn, oft sogar über zwanzig Jahre. Die Beziehung zu einer Katze kann daher sehr lange dauern. In einem so langen Zeitraum können sich nicht nur die Lebensumstände, sondern auch Menschen und Katzen ändern. Das bedeutet, beide müssen sich immer wieder an neue Gegebenheiten anpassen. Das ist oft für alle Beteiligten nicht leicht.

Gerade besonders ängstliche, unsichere und sensible Katzen werden dabei leicht überfordert. Das kann unerwünschte Verhaltensweisen auslösen, auch den Absatz von Kot und Urin an anderen Stellen als in der Katzentoilette. Dieses Buch zeigt, warum das geschieht und wie man derartige Probleme möglichst schnell in den Griff bekommen kann.

Leider kann eine Therapie unter Umständen aufwendig und langwierig sein. Vorbeugen wäre daher sinnvoll und oft einfacher. Viele der geschilderten Maßnahmen können u. a. auch eingesetzt werden, um einer sensiblen Katze von vornherein die Anpassung an Veränderungen zu erleichtern, z. B. bei einem Umzug. Außerdem werden Möglichkeiten beschrieben, wie man bei Wohnungskatzen die ihnen angeborenen arttypischen Bedürfnisse so gut wie möglich erfüllen kann. Auch dadurch kann die Entwicklung von unerwünschtem Verhalten oft verhindert werden.

5 › Service

Nützliche Adressen

Fédération Internationale Féline (FIFe)
17 Rue du Verger
L-2665 Luxembourg
www.fifeweb.org

World Cat Federation (WCF)
Geisbergstr. 2
D-45139 Essen
www.wcf-online.de

1. Deutscher Edelkatzenzüchter-Verband (1. DEKZV)
Berliner Straße 13
D-35614 Asslar
www.dekzv.de

Österreichischer Verband für die Zucht und Haltung von Edelkatzen (ÖVEK)
Liechtensteinstraße 126
A-1090 Wien
www.oekv.at

Fédération Féline Helvétique (FFH)
Büntacher 22
CH-5626 Hermetschwil
www.ffh.ch

Deutsches Haustierregister
Baumschulallee 15
D-53115 Bonn
www.registrier-dein-tier.de

Gesellschaft für Terverhaltensmedizin und -therapie (GTVMT)
www.gtvt.de

Bundesministerium für Ernährung, Landwirtschaft und Verbraucherschutz
Dienstsitz Bonn
Rochusstraße 1
D-53123 Bonn
Telefon: 0228-99529-0
Telefax: 0228-99529-3179
Dienstsitz Berlin
Wilhelmstraße 54
D-10117 Berlin
Telefon: 030-18529-0
Telefax: 030-18529-3179
www.bmelv.de

Zum Weiterlesen

Zum Weiterlesen finden Sie hier eine Auswahl an Katzenbüchern aus dem Kosmos-Verlag:

Bergmann-Scholvien, Claudia: **Schüßler-Salze für meine Katze.**
Die Wirkung der Heilsalze; Anwendung und Therapie.
Bessant, Claire: **Das Beste für meine Katze.** Samtpfoten lieben und verstehen.
Bessant, Claire: **Die Geheimnisse der Katzensprache.**
Lernen Sie Ihre Katze zu verstehen und mit ihr zu kommunizieren.
Bohnenkamp, Gwen und Renate Jones: **Was Katzen wirklich brauchen.**
Verhalten verstehen und Probleme lösen.
Federer, Gaby und Martino Rivas: **Spiele für Katzen.**
Die schönsten Tricks für Stubentiger.
Halls, Vicky: **Die Katzenflüsterin.**
Erfolgreiche Kommunikation, vertrauensvolles Miteinander.
Johnson, Pam: **Katzenpsychologie.**
Ratschläge und Erfahrungen einer Katzentherapeutin.
Jones, Renate (Hrsg.): **Das Kosmos Handbuch Katzen.**
Kraa, Gisela: **Bach-Blüten für meine Katze.** Sanfte Medizin für unsere Katze.
Mit Diagnosebogen und einem Vorwort von Mechthild Scheffer.
Lauer, Isabella: **Katzen halten – ganz entspannt.**
Lauer, Isabella: **Meine Katze.**
Lauer, Isabella: **Zwei Katzen.**
Auswahl, Eingewöhnung, harmonisches Zusammenleben.
Leyhausen, Paul: **Katzenseele.** Wesen und Sozialverhalten.
Metz, Gabriele: **Katzenrassen.**
Rauth-Widmann, Brigitte: **Katzensprache.** Verhalten erkennen und verstehen.
Rauth-Widmann, Brigitte: **Was denkt meine Katze?** Katzenverhalten auf einen Blick.
Seidl, Denise: **Mit Katzen leben.** Richtig pflegen, füttern und beschäftigen.
Seidl, Denise: **Spiel & Spass für Katzen.**
Seidl, Denise: **Wenn meine Katze Probleme macht.**
Katzenverhalten verstehen, Probleme lösen.
Tellington-Jones, Linda: **TTouch für Katzen.**
Sanfte Berührungen für Harmonie, Gesundheit und Wohlbefinden.
Theby, Viviane: **Clickern mit meiner Katze.**
Der Trick mit dem Click – Katzen spielerisch erziehen.
Turner, Dennis: **Turners Katzenbuch.** Wie Katzen sind, was Katzen wollen.
Twardokus, petra: **Coaching für Katzenhalter.**
Die goldenen Regeln der Katzenpsychologin.
Twardokus, Petra: **Katzen in die Seele schauen.**
Erfahrungen einer Katzenpsychologin.

Register

Über die Autorin

Dr. med. vet. Renate Jones ist Tierärztin, hat in Verhaltenskunde promoviert und fast 20 Jahre eine Kleintierpraxis in München betrieben. Seit 2000 arbeitet sie ausschließlich als Tierverhaltenstherapeutin, wobei sie sich auf die Verhaltenstherapie von Hunden und Katzen spezialisiert hat. Sie ist unter anderem als Dozentin bei Seminaren tatig, etwa in der Weiterbildung von Tierärzten, und sie berät Tierhalter zu allen Fragen der Haltung und Erziehung. Zusammen mit Gwen Bohnenkamp hat sie das erfolgreiche Kosmos-Buch *Was Katzen wirklich brauchen* geschrieben. 2010 ist das von ihr herausgegebene und mit verfasste *Kosmos Handbuch Katzen* erschienen.

Bildnachweis
62 Farbfotos von Rosemarie Schär (Tafel 1, 2, 3 oben, 12-19, 20 oben, 21-24) sowie Dr. Stephan Gronostay (Tafel 3 unten), Dr. Renate Jones (Tafel 4 und 5) und Dr. Silja Weber (Tafel 6-11 und 20 unten).

Die meisten Bilder in diesem Buch stammen von der Verhaltensforscherin Rosemarie Schär, die sich viele Jahre der Erforschung von Katzen gewidmet hat. Autorin und Verlag bedanken sich beim Deutschen Tierschutzbund und Frau Dr. Elke Deininger von der Akademie für Tierschutz dafür, dass sie die Bilder von Rosemarie Schär zur Veröffentlichung in diesem Buch zur Verfügung gestellt haben.

Impressum
Umschlaggestaltung von eStudio Calamar unter Verwendung eines Farbfotos von Juniors Bildarchiv/O.Giel.

Mit 62 Farbfotos.

Alle Angaben in diesem Buch erfolgen nach bestem Wissen und Gewissen. Sorgfalt bei der Umsetzung ist indes dennoch geboten. Autorin und Verlag übernehmen keinerlei Haftung für Personen-, Sach- oder Vermögensschäden, die aus der Anwendung der vorgestellten Materialien und Methoden entstehen könnten.

FSC www.fsc.org
MIX
Papier aus verantwortungsvollen Quellen
FSC® C005833

Gedruckt auf chlorfrei gebleichtem Papier

ISBN 978-3-440-12271-6
Projektleitung: Angela Beck
Redaktion: Gesa Weymann
Gestaltungskonzept und Satz: Populärgrafik, Stuttgart
Produktion: Eva Schmidt
Printed in The Czech Republic / Imprimé en République Tchèque